U0021143

紅沙龍

Try not to become a man of success but rather to become a man of value.
~Albert Einstein (1879 - 1955)

毋須做成功之士，寧做有價值的人。—— 科學家　亞伯·愛因斯坦

迪士尼執行長 羅伯特・艾格

十五年學到的課題

ROBERT IGER

羅伯特・艾格 著　諶悠文 譯

我生命中的一段歷險

THE RIDE OF A LIFETIME

LESSONS LEARNED
FROM 15 YEARS AS CEO OF THE WALT DISNEY COMPANY

給威蘿（Willow）：沒有你，不可能有這趟旅程。

給凱特（Kate）、阿曼達（Amanda）、麥克斯（Max）和威爾（Will）：感謝你們的愛心和諒解，以及帶給我的所有快樂。

對於從過去到現在成千上萬的迪士尼班底和員工：
我對你們有無限的驕傲和感激。

目次

【第2部】領導

序章

二〇一六年六月，十八年來我第四十次前往中國，也是過去六個月第十一次中國行。上海迪士尼樂園即將開幕，我去監督最後的籌備工作。那時我擔任華特迪士尼公司執行長已十一年，打算在上海迪士尼樂園開幕後退休。這趟行程令人激動，創建上海迪士尼是我職業生涯中最大的成就。感覺是該繼續往前走了，但是人算不如天算。我寫這本書時，仍在掌管這家企業，這就是一個證明。讓我感受更深刻的，是在上海那一週發生的事。

上海迪士尼將於六月十六日週四正式開幕。第一波貴賓預定週一抵達，包括迪士尼董事會成員、重要高層及其家人、創意合作夥伴、投資人和華爾街分析師。龐大的國際媒體隊伍已經進駐，還會有更多媒體湧入。我已經在上海待了兩個星期，心情十分亢奮。從一九九八年到中國勘查場地至今，我是唯一一個從第一天開始就參與這項計畫的人，所以我迫不及待想要向全世界展示成果。

華特迪士尼公司在加州安那翰（Anaheim）建造迪士尼樂園（Disneyland）後六十一年間，奧蘭多、巴黎、東京和香港迪士尼陸續開幕。奧蘭多的迪士尼世界（Disney World）仍是最大的迪士尼樂園，而上海迪士尼又和其他的迪士尼樂園不同。它是我們公司史上最大的投資之一。其實用數字來比較，未必公允，但這裡有些數字可一窺上海迪士尼的規模。上海迪士尼造價約六十億美元，占地九百六十三英畝，大約是加州迪士尼樂園的十一倍。工程期間有多達一萬四千名工人住在園區內。我們在中國的六座城市舉辦試鏡會，發掘了數千名舞台和街頭表演的歌手、舞者和演員。上海迪士尼落成耗時十八年，歷經三位中國國家主席、五位上海市長以及更多的黨委書記（其中一位在我們談判時因貪腐被捕並被流放華北地區，上海迪士尼專案因此推遲近兩年）。

我們就土地交易、合夥關係的利益分拆和管理角色進行無休止的談判，討論的事項大到提供中國勞工安全和舒適的工作環境，小到是否可以在開幕當天剪綵。上海迪士尼的創建是一種地緣政治的教育，並且在全球擴張的可能性與文化帝國主義的危險之間不斷求取平衡。我再三對我們的團隊說，我們面對的艱巨挑戰，就是創造一種「原汁原味迪士尼，別具一格中國風」（authentically Disney and distinctly Chinese）體驗，我講的次數多到讓每位參與這項專案的人覺得這已經變成一種口頭禪。

六月十二日週日傍晚，我和在上海的團隊其他成員獲悉奧蘭多「脈動」（Pulse）夜店發生一起大規模槍擊案。案發地點距離迪士尼世界十五英里。我們在奧蘭多有七萬多名員工，其中有多少人當晚光顧那家夜店，我們在驚恐中等待確認。公司的安全部門主管羅恩・伊登（Ron Iden）與我們一起在上海，他立即開始打電話聯繫美國的聯絡人。我們剛收到這個消息時，奧蘭多天將破曉，那裡與上海時差十二個小時。羅恩跟我說，我早上起床時，他會提供更多訊息。

第二天，我的第一個活動是早餐時向投資者做介紹。接著，接受新聞節目《早安美國》（*Good Morning America*）主播羅賓・羅伯茨（Robin Roberts）的長時間訪問，包括陪同羅賓和她的工作人員參觀園區和遊樂設施。然後與中國官員開會，討論開幕式流程，與董事會成員和高層人員共進晚餐，最後為我主持的開幕夜音樂會進行彩排。我整天馬不停蹄，羅恩則定期告訴我最新消息。

我們獲悉有五十多人遇害，幾乎同樣多的人受傷，槍手是一個名叫奧馬爾・馬丁（Omar Mateen）的男子。羅恩的安全團隊在我們的資料庫中搜索馬丁的名字，發現他在槍擊案發生前的幾個月曾去過魔幻王國（Magic Kingdom，奧蘭多迪士尼中的一座樂園），上週末又去了一次。在最近一次，監視器拍到他在迪士尼城中區特區（Downtown Disney）「藍調之屋」

（House of Blues）附近的一個園區入口外面徘徊。

接下來聽到的消息帶給我職業生涯中罕有的大震撼。將近兩年後，馬丁的妻子以謀殺犯的同謀受審（她後來無罪釋放），這段期間消息才曝光。聯邦調查人員告知羅恩，他們認為迪士尼世界是馬丁的主要攻擊目標。他們在槍擊現場找到了他的手機，確定那天晚上早些時候我們的一個行動通信基地台曾收到那支手機的訊號。他們調閱閉路電視畫面，再度看到他在「藍調之屋」附近的入口前面來回走動。那天晚上那裡正在舉辦一場重金屬演唱會，我們增派五名武裝警力，維持秩序。畫面中，馬丁勘查地形幾分鐘後回到車上。

監視器拍到馬丁把兩把武器：一支半自動步槍和一支半自動手槍，藏在兒童手推車內，推車內還有一條未拆封的嬰兒毯。調查人員懷疑他打算用嬰兒毯掩蓋武器，再把藏有武器的手推車推到入口處，然後大開殺戒。

迪士尼樂園及度假區主席鮑勃．查佩克（Bob Chapek）當時人也在上海。鮑勃和我一整天都在商量對策，羅恩則不斷更新訊息。除了焦急等待，希望知道案發當時是否有員工在那家夜店，現在還擔心奧蘭多迪士尼是攻擊目標的消息會很快走漏。這是一則大新聞，對當地社區將造成嚴重的情感創傷。像這樣彼此分享無法與外人討論的訊息，在這種高壓時刻，團隊會凝聚強大的向心力。身為執行長，每次遇到緊急狀況，我都對團隊成員展現的能力、冷靜和人情味，心存感激。鮑勃的第一步是要求奧蘭多的華特迪士尼世界（Walt Disney

World）主席喬治・卡洛格里迪斯（George Kalogridis）從上海返回奧蘭多，好給予員工更多的行政支持。

馬丁的手機數據顯示，一回到車上，他就開始用關鍵字搜尋奧蘭多的夜店。他開車前往搜尋結果跳出來的第一個夜店，結果發現那家店門前正在施工而且堵車。第二個跳出來的夜店就是「脈動」，最後他在這裡展開大屠殺。隨著調查細節不斷曝光，我為這起槍擊案的受害者感到驚恐和悲傷，同時也慶幸迪士尼派出的保全產生嚇阻作用，有些人抱著「因為上帝的恩典，我們才逃過一劫」的心態則令我不快。

我經常被問到工作上什麼狀況最常讓我徹夜難眠。老實說，這工作並不會讓我覺得很傷腦筋。我不知道這是大腦的化學物質作祟，還是年輕時面對家庭的一些混亂而發展出的心理防衛機制，或是多年訓練的結果——我想，這些多多少少都有影響——但是當狀況發生時，我往往不會太焦慮，我傾向將壞消息視為可以逐步處理並解決的問題，是我可以掌控的事情，而非大事不妙。但是我也非常了解迪士尼被當成攻擊目標的權力象徵關係，而且我很清楚，無論我們多麼小心提防，都無法為一切做好準備。

意外狀況發生時，判斷哪些問題最為嚴重須優先處理的本能就開始啟動，必須仰賴自己內心的「威脅等級」。有必須立刻放下手上工作的緊急事件，也有一些狀況你要對自己說「**這件事雖然嚴重，我需要立即參與，但我也要抽身，去關注其他事情，等會再回來處理**」。有時，即使你是「主事者」，也需要意識到，當下你可能沒有什麼好補充的，因此不涉足其中。你要相信員工會做好分內的事，自己就專注其他迫切的問題。

我在距離奧蘭多半個世界遠的上海，就是這樣告訴自己的。上海迪士尼是一九七一年迪士尼世界開園以來，公司推動的最重要計畫。我們公司近百年歷史，從來沒有不計成敗投入這麼多。我別無選擇，只能各司其職，專注於開幕儀式的最後細節，並信任我在奧蘭多的團隊和我們已制定的標準作業程序。

我們有一套可以在災難發生時追蹤員工的系統。如果發生飛機失事、颶風或野火，我會接獲報告，知道誰下落不明，誰必須撤離家園，誰痛失親友或寵物，誰的財產受損。我們在全球各地擁有超過二十萬名員工，如果出現天災人禍，那麼公司員工受到影響的可能性不小。二〇一五年巴黎恐怖攻擊發生後不到幾個小時，我就知道與我們合作的廣告代理商的供應商遇害。二〇一七年秋天拉斯維加斯驚傳槍擊案，我立即接獲報告，知道那天晚上我們有六十多名員工參加了戶外音樂會，其中有五十個人認識某個罹難或受傷的人。當時有三名員工遭槍殺，另有一名加州迪士尼樂園雇員遇害。

上海時間週二早上，我們得知有兩名兼職人員在「脈動」夜店槍擊事件中喪生。公司有幾名員工是受害者的親戚。我們派出創傷及傷痛諮商師，與受影響的人聯繫，安排心理諮商。

上海迪士尼樂園開幕進入倒數計時階段，我的行程安排巨細靡遺：公園導覽、接受採訪、參加彩排以便對開幕式表演做最後調整；主持午餐和晚餐，並與股東、供應商和董事會成員舉行會議；拜會中國政要以示尊重；為上海市兒童醫院增建的翼樓舉行落成儀式；練習開幕致詞，部分是用北京話（普通話）。根據行程安排，我要化妝、換衣服或偷吃點心，中間幾乎沒有休息空檔。週三早上，我帶領大約一百位嘉賓進行VIP導覽。重量級製片傑瑞・布洛克海默（Jerry Bruckheimer）和大導演喬治・盧卡斯（George Lucas）大駕光臨。我的一些部屬也和他們的家人在那裡。我的妻子威蘿（Willow）和我們的孩子也在那裡。每個人都戴著頭戴式耳機，我一邊帶領他們穿過園區，一邊對著麥克風說話。

我記得很清楚，鮑勃・查佩克走近我，並將我拉到一旁時，我們正好在冒險島（Adventure Island）和海盜灣（Pirate Cove）之間。我以為他從槍擊案調查中獲得更多資訊，所以我傾身向前，方便他私下耳語。「奧蘭多發生了鱷魚攻擊人事件，」鮑勃輕聲說道。「鱷魚攻擊了一個幼童，一個小男孩。」

我們被人群包圍，當鮑勃吐露他目前所掌握到的消息時，我掩飾逐漸升高的驚恐情緒。鱷魚攻擊事件發生在迪士尼的大佛羅里達人溫泉度假飯店（Grand Floridian Hotel），晚間八點三十分左右。上海時間現在是上午十點三十分左右，所以是在兩個鐘頭前。「我們不知道孩子的狀況，」鮑勃說。

我的本能反應是禱告，祈求那個男孩千萬要沒事。然後我開始回想，這種事情曾經發生過嗎？據我所知，自奧蘭多迪士尼開園四十五年來，從未有旅客受到襲擊。我開始想這個度假區的樣子。鮑勃告訴我，意外發生在大佛羅里達人度假飯店的沙灘。我住過那家飯店很多次，非常了解那片沙灘。那裡有個人工湖，但我從未見過有人在裡面游泳。等等，並非如此。腦海中突然閃過一個畫面：一名男子游泳去找他孩子丟失的氣球。約莫五年前的事。我記得他游回岸上時手上拿著氣球，還拍了一張他的照片。我看到父母願意為孩子做的傻事，不禁啞然失笑。

結束園區導覽，我等待更多的消息進來。無論是上呈給我或交由他人處理的事情，都有標準作業程序，而且我的團隊會定期回報，直到確定正確無誤。（令他們沮喪的是，有時我會因通報壞消息的速度不夠快而責罵他們。）這次他們在第一時間把鱷魚攻擊事件告訴我，但我迫切希望得到更多訊息。

「脈動」夜店槍擊案發生後，我們立刻調遣卡洛格里迪斯返回奧蘭多。他剛好在襲擊事件發生時落地，並即刻處理，一有消息就回報。很快我知道那名小男孩下落不明。搜救隊沒有發現屍體。他的名字叫萊恩·格雷夫斯（Lane Graves），兩歲。格雷夫斯一家住在大佛羅里達人度假飯店。他們去沙灘，原本打算參加電影之夜活動。但排定的電影因雷電而取消，他們和其他一些家庭決定留下來，讓孩子們戲水。萊恩拿水桶到水邊裝水。黃昏時分，一隻短吻鱷浮出水面，正好在淺水區。牠咬住萊恩，把他拖入水中。喬治告訴我，格雷夫斯一家從內布拉斯加州到迪士尼世界度假。一支危機處理小組正陪著他們。我認識那個小組的幾個成員，他們的工作表現非常出色，我很感謝他們的協助，但這對他們將是極大的考驗。

那一夜，我們在上海舉行開幕音樂會，大型管弦樂隊將在現場演奏，並特別請來世界著名的鋼琴家郎朗以及中國最受尊敬的作曲家、歌手和音樂家演出。音樂會之前，我主辦晚宴招待一群中國官員和來訪貴賓。我竭盡所能克盡職責，但我的思緒不斷回到奧蘭多格雷夫斯一家人身上。世界上這麼多地方，他們偏偏就來到迪士尼世界，在這裡遭逢如此難以想像的損失，這樣的想法始終揮之不去。

六月十六日週四上午，正式開幕的日子來臨。我在清晨四點醒來，做了運動，試圖讓頭腦清醒，然後走到我們的休息室，與我們的傳播長（chief communications officer）澤妮亞·穆哈（Zenia Mucha）碰面。我和澤妮亞已經合作十多年。一路走來，不管好還是壞，她都陪我度過。她堅強勇敢。只要她認為我犯錯，就會直言不諱，而且她總是將公司的最大利益放在心上。

鱷魚攻擊人的事件現在被媒體大幅報導，我希望親自上火線說明。看到其他公司的危機處理是讓「公司發言人」代表官方發聲，這種策略一直令我覺得冷漠以及有點膽小。通常公司制度的作用是保護執行長，有時會保護過頭，如今我決定不這麼做。我跟澤妮亞說，我必須發表一篇聲明，她立刻認同這是正確的做法。

我不知道要講什麼才能讓對方理解像這樣的事。我們坐在休息室裡，我盡可能誠實地向澤妮亞陳述自己的感受。我談到自己身為父親和祖父，以及這如何讓我稍稍能了解萊恩的父母所遭受的這種難以想像的痛。我們對話後十五分鐘，聲明稿出爐。我回到自己的房間，開始為開幕典禮做準備。威蘿已起床外出。我的兩個兒子還在睡。不過，我似乎無法去做接下來要做的事情，幾分鐘後，我又給澤妮亞打了電話。她接聽電話時，我說：「我必須與萊恩的家人談一談。」

這次，我預期她和公司的法務長艾倫·布拉弗曼（Alan Braverman）會加以阻攔。與萊恩的家長對話可能會導致複雜的法律狀況，律師通常希望公司方面約束發言，以免加重法律責任。但是，在當前這種情況下，他們兩人都知道這是我需要做的事情，所以我沒有遇到阻力。澤妮亞說：「我給你一個電話號碼。」幾分鐘後，我取得男童父母馬特（Matt）與梅莉莎·格雷夫斯（Melissa Graves）夫婦的友人傑伊·佛格森（Jay Ferguson）的電話。意外發生後，傑伊即刻飛往奧蘭多，陪伴他們度過這個艱難時刻。

我坐在床沿，撥了電話。我不知道該說些什麼，但當傑伊接聽時，我說明自己的身分和我人在上海。「我不知道他們是否願意和我說話，」我說，「但如果他們願意，我想表達慰問之意。如果不願意，我把想說的話告訴你，請你轉達。」

「請等我一下，」傑伊說。我聽到背景有講話聲，接著馬特突然接聽，開了擴音功能。我重申聲明中的內容，我既是父親也是祖父，而我無法揣想他們正在經歷的一切。我告訴他，我是這家公司的最高階主管，我希望他們從我這裡知道，我們將竭盡所能幫助他們渡過難關。我給了對方我的直撥電話號碼，告訴他如果有需要，隨時撥打這個電話，然後詢問現在我可以為他們做些什麼。

他說：「答應我，不會讓我的兒子白白犧牲。」他邊說邊啜泣，我從背景聲音可以聽到梅莉莎也在啜泣。「答應我，你會盡一切努力，防止這種情況發生在另一個孩子身上。」

我答應他了。我知道，從律師的角度，我發言應該謹慎，應該考慮自己說的話是否間接承認疏失。在企業架構中工作了這麼久，所受的訓練是提供謹守法律條文的官式答覆，但是此刻我什麼都不在乎。我向傑伊重申，如果有需要，一定要打電話給我，然後掛上電話。我坐在床沿，全身發抖。我盡情大哭，哭到兩枚隱形眼鏡都掉了。威蘿走進房間時，我正在找鏡片。

我說：「我剛才跟萊恩的父母談過。」我不知如何解釋自己的感受。她走向我，伸出手臂環抱我。她詢問她能做什麼。我說：「我只能堅持下去。」但是我像洩了氣的皮球。過去兩週讓我充滿幹勁的腎上腺素、上海迪士尼計畫對我的重大意義，以及分享這項計畫帶給我的亢奮，全都消失無蹤。依照行程表，再過三十分鐘，我要拜會中國副總理、美國駐華大使、中國駐美大使、上海市委書記以及上海市長，帶領他們遊覽園區。可是我覺得我寸步難行。

最終我打電話給我的團隊，約在飯店的休息室會合。我知道如果向他們描述剛才與萊恩父母的談話，我會再哭一次，所以我長話短說，告訴鮑勃・查佩克我親口給予馬特・格雷夫斯的承諾。「我們馬上去辦，」鮑勃說。他立即傳話給在奧蘭多的團隊。（他們做的事令人驚嘆。那個度假區有數百個人工湖和運河，以及數千隻鱷魚。不到二十四個小時，他們就在整個園區架設繩索和圍欄，並立起警告標誌，而這個園區的面積足足是曼哈頓的兩倍大。）

我去接待貴賓。我們體驗了遊樂設施，還擺姿勢拍照。我努力擠出笑容，繼續演這齣戲。這正是「外表經常不能反映內在」的鮮明例子。導覽結束後，我將向園區裡聚集的數千民眾發表演說，在中國有數百萬人收看這場電視轉播，然後進行剪綵，上海迪士尼樂園正式對外開放。迪士尼進軍中國本土市場是件大事。世界各地的新聞媒體湧入採訪。習主席和歐巴馬總統也來信祝賀，我們打算在開幕儀式上宣讀賀函。我知道茲事體大，但是我無法不去想馬特・格雷夫斯講電話時哀慟逾恆。

當我從副總理身邊離開時，與我們合作的中國公司上海申迪集團總裁追了過來，一把抓住我。「你不會談奧蘭多，對吧？」他說。「這是快樂的日子。這是快樂的日子。」我向他保證，我不會說任何掃興的話。

過了不到半小時，我發現自己獨自坐在迪士尼城堡的宴會座椅上，等待舞台經理提示我致詞的時間到了。我背了普通話的演講詞，現在正努力回想。沒錯，這是快樂的日子，我需要專注在這一點，而且需要意識到這次的演說對勞心勞力這麼久才迎接這一天到來的所有工作人員來說，意義有多麼重大；對於中國人民來說，他們將有一個夢想天地，就像我和許多美國孩子夢想去迪士尼樂園一樣。這是快樂的一天，但也是我職業生涯中最難過的一天。

❀

我在同一家公司任職四十五個寒暑：其中二十二年在ＡＢＣ（美國廣播公司），一九九五年迪士尼公司收購ＡＢＣ後，我又在迪士尼服務二十三年。過去十四年，我一直掌管迪士尼，這是個令人羨慕的差事。自從華特（Walt）一九二三年創辦迪士尼以來，我是第六位執行長。

我經歷過艱難甚至悲慘的時刻。但是套句別人的話，這也是世界上最幸福的工作。我們製作電影、電視節目、百老匯音樂劇、遊戲、服裝、玩具以及書籍。我們建造主題公園和遊樂設施，飯店和遊輪。在全球十四座迪士尼主題樂園，每天都有遊行表演、街頭表演以及音樂會。我們製造歡樂。即使經過這些年，我有時會發現自己仍在思考：**這是怎麼發生的？我怎麼這麼幸運？**我們曾經稱呼我們最大、最刺激的主題公園景點為「E票券設施」（E-Tickets）。我回想這個工作時，想起了這件事，也想到我在「華特迪士尼公司」這個大型E票券設施的冒險之旅已歷時十四年。

但是，迪士尼也生存在每季繳交財務報表、股東期望及其他數不盡義務的世界裡，幾乎每個國家的公司經營管理都有其義務。沒什麼大事發生時，這個工作需要順應環境變化，不斷求新求變。從和投資者制定成長策略、與幻想工程師（Imagineers，屬於華特迪士尼公司旗下的開發部門）一起研究大型新主題公園景點的設計、看電影毛片提出建議，到討論安全措施、董事會治理、門票訂價以及薪資級距。這些日子充滿挑戰和變動，一直不停在做「區隔化」（compartmentalization）的練習。你解決了一件事——當今世上迪士尼公主的特質是什麼？這些特質如何在我們的產品中展現出來？——然後將之束諸高閣，重點轉移到下一個：未來八年，我們預定推出什麼漫威（Marvel）電影？但真的能夠按表操課的時候並不常見。正如前面提到我在上海那一週發生的事，這個道理再清楚也不過了。危機和失敗隨時會出現，你永遠無法做好充分準備。像那一週那樣悲慘的事很少，但是總會有些事情發生。

對華特迪士尼公司如此，對任何一家企業或機構亦是如此。天有不測風雲。簡單來說，這本書講的是一系列指導原則，這套原則有助於培養好人和管理壞人。我已經有很長一段時間不願意撰寫相關文章。直到不久前，我甚至還避免公開談論自己的「領導法則」或任何這類想法，因為我覺得自己並沒有完全「說到做到」。不過，在工作四十五年後——尤其是在過去的十四年後，我開始相信除了自身經驗，我的洞察或許也能派上用場。

如果你在經營企業或管理團隊或與他人合作，努力追求一個共同目標，那麼這本書可能會對你有所幫助。從工作第一天開始，我就一直待在媒體和娛樂界，這些歷練讓我突然想到一些放之四海皆準的想法：培養冒險精神和創造力；建立信任文化；保有旺盛的好奇心，也激發你周遭人員的好奇心；擁抱改變而不是一味拒絕接受；始終誠實和正直，即使面對難以面對的事情亦是如此。這些內容聽起來很空泛，但是我希望，回顧我漫長而精彩的職業生涯中發生對我別具意義的故事和案例，會讓他們覺得更具體，更有共鳴。我不僅寫給有抱負的執行長，也寫給每一個希望在職業生涯甚至個人生活中走得更輕鬆、更有自信的人。

這本書多半按照時間先後順序排列。從我進入ABC開始任職，迄今做過二十份工作，歷經十四位老闆。我曾經是一齣日間肥皂劇的最低層工作人員，也曾經營一個電視網，製播了有史以來最創新的電視劇（也是出了名的失敗作品）。我待過的公司兩度成為被接管的一方，我也收購並同化一些公司，其中包括皮克斯動畫工作室（Pixar）、漫威、盧卡斯影業（Lucasfilm），以及最近的二十一世紀福斯（21st Century Fox）。我與史帝夫·賈伯斯

（Steve Jobs）擘畫了娛樂產業的未來，並成為喬治・盧卡斯《星際大戰》（*Star Wars*）神話的守護者。每天我都在思考科技如何重新定義我們創造、傳輸和體驗媒體的方式、科技對於現代傳播受眾以及對於近百年歷史的品牌忠誠度的意義。我也努力思索如何讓這個品牌與全球數十億人口建立聯繫。

本書的結尾，我回想我在工作中的學習心得。我深深感覺到要成為真正的領導者，應該掌握十大原則。這些原則讓我受益匪淺，我希望對你也有所幫助。

樂觀。好的領導者應該具備的最重要特質之一就是樂觀，對於實現目標懷抱務實的熱情。即使面對艱難的選擇和不理想的結果，樂觀的領導者也不會陷入悲觀的情緒。簡而言之，悲觀主義者無法激勵或鼓舞別人。

有勇氣。冒險的基礎是有勇氣。在求新求變、破壞性創新的企業中，冒險是不可或缺，創新至為重要。有勇氣才會有真正的創新。收購、投資和資本配置都是如此，對於創造性決策尤其適用。害怕失敗會摧毀創造力。

專注。把時間、精力和資源花在最重要和最有價值的策略、問題和計畫上，因此必須經常且清楚地傳達你的優先事項。

果斷。不管多麼困難，要能夠而且應該及時做出所有決定。領導者必須鼓勵他人發表各種不同意見，且需兼顧決策的制定與執行。長期優柔寡斷不僅沒有效率、產生反效果，還會嚴重影響士氣。

好奇心。保持旺盛的好奇心，就能夠發現新的人、新的地方和新的點子，並察覺與了解市場及其變化脈動。創新之路始於好奇心。

公正。強勢領導包含了對人公正和得體的對待。同理心必不可少，平易近人亦不可缺。犯下無心之過的人應該獲得第二次機會。評判別人過度嚴苛會產生恐懼和焦慮，這會阻礙溝通和創新。對組織文化來說，沒有什麼比恐懼更糟糕的了。

考慮周到。好的領導者應具備的特質中，這項最被低估。這是增長知識的過程，因此提出的意見或做出的決定會更加可信，更可能是正確的。這就是見解要思慮周詳。

真誠（Authenticity）。要真心，要誠實。不虛偽作假。真實與真誠會帶來尊重與信任。

不懈地追求完美。這並不代表要不惜一切代價追求完美，但這確實意味著拒絕接受普普通通，或者為某件「夠好」的事找藉口。如果你認為可以做得更好，就加把勁。如果從事的是創造事物的行業，就要創造偉大的事物。

誠信。沒有什麼比組織的員工及其產品的素質和誠信正直更重要的了。一家公司的成功，取決於為所有大小事物設立高道德標準。另一種說法是：你做一件事的態度，就是你做每一件事的態度。

| 第1部 |

學習

第1章

從底層做起

這本書雖然不是回憶錄，但是不可能只談論在我的職業生涯中讓我受益良多的個人特質，而不回顧我的童年。我總是有某些習慣，總是做某些事情，這是先天與後天不可思議的結合所產生的結果。（例如：記憶所及，我總是早起，我很珍惜在其他人起床之前的這段時光。）還有其他的特質和習慣，則是因為我做了許多有目的的決定所形成。跟許多人一樣，我會做出這些決定有一部分是受到父母親的影響，特別是我的父親。他才華洋溢又複雜難懂，對我人格的養成比任何人都更重要。

當然他讓我對這個世界感到好奇。我們有一個書房，裡面一排排書架上擺滿了書，每一本書我父親都讀過。我是直到上高中，才開始認真閱讀，但是我最後真的愛上看書，是因為父親。他有美國所有文學巨擘費茲傑羅（Fitzgerald）、海明威（Hemingway）以及福克納（Faulkner）和史坦貝克（Steinbeck）等大文豪的全套作品，這些書籍是向每月之書俱樂部（the Book of the Month Club）訂購的。我從書架上拿下《夜未央》（*Tender Is the Night*）、《戰地鐘聲》（*For Whom the Bell Tolls*）等其他數十本書，讀了一本又一本，他叫我看更多書。我們還共進晚餐，討論世界大事。十歲那年，我在門前草坪一把抓起《紐約時報》（*New York Times*），然後在廚房的桌子上看報紙，那時其他人都還沒有起床。

我們住在長島一個以工人階級為主的歐申賽德（Oceanside）小鎮上的一棟錯層式住宅（split-level house）。家中兩個小孩，我排行老大，妹妹小我三歲。我的母親溫暖而有愛心，是個全職媽媽，直到我上高中，她在當地的初中圖書館找到了一份工作。我父親是海軍退伍軍人，他從戰爭中回來後，曾與一些「較沒分量」的大型樂隊一起演奏小號，但他認為自己永遠不可能當樂師維生，因此從未嘗試把它當作全職。他曾在賓州大學華頓商學院就讀，主修行銷。第一份工作是在一家食品製造公司的行銷部門，這使他一腳踏入廣告界。他進到麥迪遜大道（Madison Avenue）一家廣告公司當廣告業務員，負責老密爾沃基（Old Milwaukee）啤酒和布倫瑞克（Brunswick）保齡球的業務，但最終丟了這份差事。他換了幾家公司，幾乎總是平級調動（lateral move）。到我十歲或十一歲的時候，他換過許多工作，換得如此頻繁，我開始想知道原因。

他熱中參與政治活動，具有非常強烈的自由主義偏見。他曾執意參加「向華盛頓進軍」（March on Washington）遊行活動，去看馬丁・路德・金恩（Martin Luther King, Jr.）發表演說，因此丟掉飯碗。他的老闆當天不准他請假，但他還是去了。我不知道他是辭職去看金恩演講，還是事後被解雇，但有好幾次是這樣的結局，這只是其中之一。

我以他堅強的性格和他的政治觀點為榮。他有強烈的正義感，總是站在弱勢族群這邊。可是他很難控制自己的情緒，他的言論經常惹來麻煩。後來我才知道他患有躁鬱症，他嘗試多種療法來治療自己的疾病，其中包括電擊療法。他的情緒起伏不定，我身為家中長子，承受的壓力最大。我雖然從未感受到他的情緒威脅，但是我敏銳察覺到他的陰暗面，並為他感到難過。我們從來不知道晚上回家的是哪種心情的爸爸。我坐在家中二樓的房間裡，從他開門和關門以及走上樓梯的聲音，來判斷他的歡喜悲傷。這樣的情景仍歷歷在目。

有時他經過我的房間時會進房查看。按照他的說法，是要確保我「有效運用時間」。那指的是閱讀、做家庭作業或做些會「讓我變得更好」的事情。他希望我和妹妹玩得開心，但是對他來說，善用時間，集中精力達成目標，也是重要的事。我敢肯定，我對時間管理的警惕（有人可能會說過分執著）來自於他。

我很早就覺得，成為家庭穩定的中心是我的職責，這甚至擴展到家中的實際事物。如果有東西故障，母親會要求我修理，所以我從小就學會如何修理所有待修物品。我認為，我對科技的好奇心一部分來自於此。我喜歡使用工具拆解東西，藉此了解各項物品的運作原理。

我的父母經常杞人憂天。他們倆都有種不祥的預感，覺得不好的事很快會降臨。我不曉得其中有多少是天性，有多少是經過後天學習的焦慮反應，我的情況則恰恰相反。從小到大，我不太擔心未來，也不太害怕嘗試和恐懼失敗，憂心忡忡。

隨著年齡增長，我益發感覺到父親對自己的失望。他不滿意自己的生活，他看自己的人生是失敗的。這就是為什麼他要我們努力工作，而且做出績效，就某種程度來說，這樣我們可能就獲致他從來沒有過的成功。他的工作不穩定，如果我想要有錢花，就需要自己賺。我從八年級就開始打工，鏟雪、當保母，也曾在五金店當貨物管理員。十五歲時，暑假在學區找到清潔工的活。這份工作需要清潔每間教室中的每台暖氣，然後檢查每張書桌的底部，確保在新學年開始時每張書桌底部都沒有口香糖黏著。清理乾淨一千張桌底的口香糖可以修心養性，或者起碼可以容忍單調，或……

我在伊薩卡學院（Ithaca College）就讀時，一年級和二年級的每個週末幾乎都在當地的必勝客（Pizza Hut）店裡做比薩。我的高中成績大部分是B，少數是A，但是我一直不特別熱中學術課程。不過，上大學時，我突然開竅了，下定決心要勤奮學習，盡可能充實自己，我認為這也與我父親有關——絕對不要重蹈父親的覆轍，不要對自己充滿挫敗感。我對於「成功」沒有清楚的想法，對於財富或權勢也沒有具體的願景，但是我決定不要在失望中虛度人生。人生無論歷經多少風雨，都不要為挫折和缺乏成就感所苦。

早年那些歲月，除了我父親沒有過得比較快樂，母親也因此受罪之外，我不覺得承受很多痛苦。我希望他可以為自己感到更驕傲。我和妹妹從小就沒有被剝奪過愛。我們總是有一個屋頂，可以遮風避雨的屋頂，也不愁吃穿，只是沒什麼多餘的閒錢。度假通常是自己開車前往平凡無奇的地方，或者到距離我們家只有幾分鐘路程的海灘玩。看起來體面的衣服，我們剛剛好夠穿，沒有多餘的。要是突然跌倒褲子破了，父母通常會告訴我，先穿補靪的褲子，等有錢再買新的，這一等可能要幾個月。我從不覺得貧窮，也沒有人認為我窮。但是，事情往往不是看到的那樣。隨著年紀增長，我意識到這一點。

成為迪士尼執行長後，我在紐約帶著父親去吃午餐，聊了他的心理狀況以及他對生活的看法。我告訴他，我非常感謝他和媽媽為我們所做的一切，他們教導的道德規範以及他們給的愛。我告訴他，這已經足夠，還綽綽有餘。我希望我的感激可以稍微將他從失望中解放出來。我說真的，在我的職業生涯中讓我受益良多的許多人格特質都來自他的教養。我希望他也明白這點。

一九七四年七月一日，我進入ABC，展開職業生涯，當時是在ABC電視台做場務。在這之前，我有一年待在紐約州伊薩卡市的一家小型有線電視台當氣象預報員，並擔任新聞記者負責專題報導。那年辛苦工作卻沒沒無聞（表現平平），讓我放棄了十五歲就懷抱的夢想：當電視新聞主播。雖然我戲謔的說，提供伊薩卡居民每天氣象資訊的經驗，讓我學會一種必要的技能，就是有能力宣布壞消息。這可不是全然在開玩笑。從那年十月到隔年四月約長達六個月是陰冷天氣，那段期間我絕對不是城裡最受歡迎的人。

我之所以進入ABC，是因為我叔叔鮑勃（Bob）視力欠佳的關係。叔叔接受眼部手術後，在曼哈頓住了幾天醫院，他的室友是美國廣播公司一名較低階的主管，反正因為不明原因，他希望我叔叔相信他是一位電視台大亨。他在病床上佯裝打電話，彷彿電視台裡只有他能做出重要決策，我的叔叔信以為真。出院前，叔叔向這名室友提到他的外甥正在紐約尋找電視製作方面的工作。那傢伙留下電話號碼說：「告訴你的外甥，打個電話給我。」

我真的打了電話，他感到驚訝並且有點疑惑我是誰。根據我叔叔的描述，我以為他是位高權重的電視台主管，在公司可以呼風喚雨。結果根本不是，但值得讚許的是，他確實設法讓我在電視台他管理的一個小部門「製作服務部」（Production Services）面試，不久之後，我被錄用為場務人員。

那個職位週薪一百五十美元，幾乎是ABC的最低薪資。我們有六個人在遊戲節目、肥皂劇、脫口秀、新聞節目和電視特輯中做各種雜事——基本上ＡＢＣ遍布曼哈頓的攝影棚製作的節目全包了。我被分派到的節目包羅萬象：《我的孩子們》（*All My Children*）、《只此一生》（*One Life to Live*）和《瑞恩的希望》（*Ryan's Hope*）、《一萬美元金字塔》（*The $10,000 Pyramid*）和《金錢迷宮》（*The Money Maze*）與《對決》（*Showdown*）、《迪克・卡維特秀》（*The Dick Cavett Show*）、傑拉爾多・里維拉（Geraldo Rivera）的《晚安美國》（*Good Night America*）、《哈里・里森納與ＡＢＣ晚間新聞》（*The ABC Evening News with Harry Reasoner*）。

我的職務說明非常簡單：隨傳隨到。通常在凌晨四點三十分，人就必須在攝影棚裡進行「燈光通話」（lighting calls）。肥皂劇的場景在拍攝前一晚已經搭好，我的工作是太陽升起前，及早讓燈光指導和舞台工作人員進棚，這樣導演和演員到棚內進行首次排練時，燈光已經準備就緒。我要協調所有木工、道具管理員、電工、化妝師、服裝人員和髮型師，要查看每個人都到班，並確認他們當天的行為。我要記錄他們的工時、不滿以及違反工會規定的情形。我要確保餐飲服務到位，以及空調已讓攝影棚內的溫度降到可以開始在強光下拍攝。這工作並不吸引人，可是它讓我了解電視節目製播裡裡外外所有細節。我會說行話。我認識了電視節目製作的所有工作人員。也許最重要的是，我學會容忍電視節目製作苛刻的工作時間和繁重的工作量，還有從此之後，我就一直恪守職業道德。

直到現在，我幾乎每天都在早晨四點十五分醒來，儘管現在我這樣做是出於自私的理由：趁著一天需要處理的大小事盤據你的腦海之前，抽空思考、閱讀和運動。清晨並不適合所有人，但是你可以找時間，每天創造空檔讓思緒暫離緊迫的職責，以一種更沒壓力、更具創意的方式思考，可能就會想到當天哪些事項需要優先處理。我非常珍惜每天早晨這段獨處的時光。如果我沒有在一天的清晨遠離接下來需要費神的電子郵件、簡訊和電話，我的工作效率和創造力肯定會降低。

❀

那時候的電視台工作是個截然不同的行業。在某些方面，產業的環境更好。競爭沒那麼激烈，社會沒那麼原子化（atomized）。當然，通常有個共同的美國故事，圍繞著基於基本事實的一般社會信念。但是，在其他許多方面是更糟。現今職場無法接受的不尊重員工的行為，在那時根本不當一回事。毫無疑問，女性和職場上的少數族群的日常處境更是艱難許多。甚至連我當時的情況，處於食物鏈的低端，偶爾不經意間就遭到霸凌，要是在今天會有人因霸凌被開除。

舉一個很明顯的例子：《晚間新聞》（*The Evening News*）於美國東部標準時間下午六點

播出。一收工，主持人哈里．里森納和他的舞台經理一個叫懷提（Whitey）的男人，就步出攝影棚，移駕到西六十七街藝術家飯店（Hotel des Artistes）的酒吧。（《晚間新聞》是從這家舊飯店翻新的宴會廳播出的。）每天晚上，哈里都會喝雙份極乾英人牌琴酒（Beefeater）馬丁尼加冰塊和一小捲檸檬皮。

我的職責是等製作人審核節目，看看是否需要在下次播出前更新或修改內容，然後把審核結果轉告哈里和棚內的工作人員。某天晚上，哈里準備喝第二杯馬丁尼，他叫我快回攝影棚，向製片人詢問進度。我走進控制室冒昧地說：「哈里派我來看看情況。」那位製作人一臉不屑地瞅了我一眼。然後他解開褲子，掏出生殖器，回答說：「我不曉得。你告訴我這看起來怎麼樣。」四十五年後的今天，只要回想起那一幕，我仍然很氣憤。我們已經越來越意識到職場需要公平、平等與拒絕霸凌，但這條路我們走了太長時間。

一九七四年秋天，我被派去法蘭克．辛納屈（Frank Sinatra）在麥迪遜廣場花園（Madison Square Garden）舉辦的演唱會《主賽事》（*The Main Event*）實況錄影現場，ABC在黃金時段進行直播。我是現場的場務，我必須在現場為龐大的麥迪遜廣場花園的舞台工作人員跑腿。對我個人來說，這是好康的差事，而且意義重大。我的父親在家中唱盤不斷播放法蘭克．辛納屈的唱片。我父親站在客廳裡吹著小號，伴隨著法蘭克低吟嗓音的畫面仍記憶猶新。

和法蘭克・辛納屈在同一棟建築，參加演唱會彩排，我略盡綿薄之力來確保錄影工作順利進行。我簡直不敢相信自己的好運。精彩的部分來了。在演唱會預定開始的幾個小時之前，當時一位副製作人告訴我去買一瓶漱口水，然後盡快送到法蘭克・辛納屈先生的更衣室。我跑了幾條街找到一家藥局，買了我能找到的最大瓶「李施德霖」（Listerine）漱口水。我一直想著法蘭克喉嚨不舒服，整個播出的責任都在我的肩上！

我忐忑不安而且上氣不接下氣，敲了更衣室的門，手裡拿著一瓶漱口水。門打開了，一個身材魁梧的保鏢迎面而來，他想知道我到底要做什麼。我說：「我送來法蘭克・辛納屈先生要的李施德霖漱口水。」

在他回應之前，我聽到房間深處傳來熟悉的聲音：「讓他進來。」片刻之後，我站在「董事長」（Chairman of the Board，法蘭克・辛納屈的暱稱）面前。

「孩子，你叫什麼名字？」

「鮑伯（羅伯特・艾格的小名）。」

「你是哪個地方的人？」

出於某種原因，我說：「布魯克林（Brooklyn）。」我在那裡出生，住到五歲，才舉家搬遷到長島。我覺得我一定想以某種方式對他更真實一些，而「歐申賽德」就沒有那麼浪漫。

「布魯克林！」法蘭克說道，彷彿是僅次於霍博肯（Hoboken）的最好地方，然後他遞給我一張一百美元新鈔。演唱會結束後，他送給每位工作人員一個流線造型的純金打火機，上面刻著「愛，辛納屈」。我幾乎立刻花掉一百美元現鈔，但直到現在，那只打火機一直放在我書桌的抽屜裡。

《主賽事》由傑瑞・溫特勞布（Jerry Weintraub）和魯恩・阿利奇（Roone Arledge）製作。四十三歲、盛氣凌人的魯恩當時帶領「ABC體育」（ABC Sports）事業部。一九七四年，他已經是傳奇的電視節目高階主管。為了這場演出，他把工作人員和在體育台工作的各個製作人聚集在一起。演唱會前一晚，他們把整場秀彩排了一遍。由霍華德・科賽爾（Howard Cosell）開場，法蘭克像職業拳擊手般被介紹上台（舞台本身看起來就像競技場中心的拳擊擂台），然後登台表演近兩個小時。

這是我第一次看到魯恩指揮調度。看完全部彩排，他決定幾乎所有東西都要作廢重做。布景需要重新設計，霍華德的介紹詞要重擬，燈光要大改。魯恩說，法蘭克和觀眾互動的整個方式都需要重新構思。

我做完一些雜事，然後看著全部砍掉重練，工作人員咒罵和抱怨連連。不可否認的是，不到二十四小時後播出的演唱會，與先前彩排的編排迥然不同。我不知道他是怎麼辦到的，但是後來我知道這是經典的魯恩，絕對不願意接受「夠好」，即使面對最後期限的極限壓力，依舊指揮若定（在這過程中把許多人操得人仰馬翻），務求把事情做到最好。

我一回到肥皂劇和遊戲節目這個平凡世界，《主賽事》工作時的快感就逐漸消失了。不久之後，我自己發生了要處理的戲劇性事件。我任職的小部門的負責人是貪腐的惡霸，他拿部門的預算付款給供應商，為自己和ABC其他主管辦事（他稱之為「政府工作」），再拿回扣中飽私囊。他還購買家具，聲稱肥皂劇布景需要用到，然後叫幕後工作人員把家具搬到他窩藏情婦的公寓裡。有人要求我幫忙，不然就睜隻眼閉隻眼，這讓我惱火不已。我開始向部門裡的一些人探詢是否有任何解決辦法，這些話後來傳到他的耳朵裡。

有一天，他叫我到他的辦公室。我一走進去，他馬上指責我違反公司規定。「你在幹嘛？」他說。「我聽說你用我們的卡車把家當搬進了新的公寓。」

實際上，我曾經短暫地接觸到公司的卡車，也曾對一些同事開玩笑說，我剛租了一間公寓，也許應該用公司的卡車搬家。可是我從來沒有這麼做過，我是這樣告訴他的，但是那一刻我恍然大悟，一定有人通風報信，說我是個麻煩製造者。

他說：「你在造我的謠。」我不否認自己有談論過他，接著他打量我一下，然後告訴我：「你知道嗎，艾格？你再也沒有升遷的機會。」

他給我兩週的時間，調到別的部門，不然我在這家公司便玩完了。當時我二十三歲，我肯定在電視台的職業生涯已經結束。但是我去了ABC的職位空缺公告區——當年是掛在一面牆上的一塊夾了紙張的筆記板——那裡有一張我不夠資格申請的二十五個工作的工作清單中，其中一個是ABC體育的職缺。我立即打電話給我在辛納屈演唱會工作時認識的一個人，說明我處境艱難。他告訴我前往一三三〇號（ABC的企業總部，美洲大道〔Avenue of the Americas〕一三三〇號）。一個月後，我被ABC體育聘為場務營運指導。如果你仔細瞧，這個新職務沒有比我剛剛失去的工作高級多少。但這是一個翻身的大好機會。我認為我能夠翻身一部分要歸功於法蘭克．辛納屈，一部分歸功於因挪用公款後來被公司開除的一個人。

❀

在七〇年代和八〇年代初ABC鼎盛時期，體育部門是最賺錢的金雞母之一，主要因為《週一美式足球夜》（*Monday Night Football*）和《體育大世界》（*Wide World of Sports*）節目紅透半邊天。還有大學美式足球和美國職業棒球大聯盟的堅強陣容，許多重要的高爾夫比賽和拳擊錦標賽，以及《美國運動員》（*The American Sportsman*）和《超級巨星》（*The Superstars*）之類的節目。另外，每隔四年ABC是「奧林匹克電視網」，轉播一九六四至一九八八年的大部分奧運會賽事。

在「ABC體育」上班的人是公司的「酷小子」，他們的身分地位幾乎反映在所有事情上，他們的穿著（量身定製的西裝和穿古馳〔Gucci〕樂福鞋）、飲食習慣（昂貴的葡萄酒和蘇格蘭威士忌，經常是在午餐時飲用），以及與好萊塢明星、著名的運動員和政客稱兄道弟。他們總是去有異國情調的地方，常常搭協和客機飛到巴黎，我們位於歐洲的辦事處，然後從那裡播報蒙地卡羅（Monte Carlo）和聖莫里茲（Saint Moritz）的賽事。

終於我的職位升到可以在協和客機上占有一席之地。搭機出國，尤其是為了ABC的《體育大世界》的播報任務，改變了我的生活。在那之前我沒有出國的經驗，突然間我搭機飛遍全世界。（如同吉姆·麥凱〔Jim McKay〕一週又一週的開場白，吟誦我們「橫跨整個地球，為您持續帶來各類體育賽事」。）每個週末，我可能會在夏威夷的衝浪錦標賽或布拉格的花式滑冰比賽現場，去看布達佩斯的舉重比賽或夏安（Cheyenne）開拓節（Frontier Days）牛仔競技比賽。在阿卡普爾科（Acapulco）有懸崖跳水，基茨比爾（Kitzbuhel）有高山滑雪，在中國、羅馬尼亞或在蘇聯……有體操比賽。

ABC體育讓我眼界大開，使我更見多識廣。我接觸到以前想都沒想過的事物。我清楚記得在巴黎吃我的第一頓法式大餐的地點和時間，我第一次說出「蒙哈榭」（Montrache）這個詞，我第一次乘坐豪華跑車穿越摩納哥。對於一個在紐約州歐申賽德小鎮一棟錯層式房屋中長大的小孩來說，這一切讓人覺得有點天旋地轉。不過，這不僅僅是時髦享樂的上流社會生活。我不時前往開發中國家，安排在共產集團舉辦的比賽轉播事宜，不屈不撓的與管理機構談判，與腐敗和複雜的官僚體系周旋。我親眼目睹人們如何在鐵幕內生活，並對他們日常生活遭遇的挑戰有所了解。（因政府採取冬季限電措施，布加勒斯特夜晚陷入一片黑暗的情景，我仍然印象深刻。）我還看到他們的夢想與美國普通人的夢想沒什麼不同。如果政客處心積慮分裂世界，或製造「我們與他們」、「好與壞」的對立心態，那麼我所接觸到的現實情況遠比那個還要複雜。

至於那些五光十色的魅惑，有一個（最終有一個）令人信服的論點，那就是過得那麼奢華是不負責任的。但是，當時ＡＢＣ體育存在於自己運行的軌道上，經常不受ＡＢＣ規範限制。魯恩就是那個軌道的中心。魯恩在一九六〇年代初期銜命執掌ＡＢＣ體育，而當我加入時，他已經是電視台的皇室級人物。他改變了我們體驗電視轉播體育比賽的方式，電視史上無人能出其右。

首先，他知道我們在講故事，而不僅僅是播報體育賽事。故事要說得好，需要有好的天分。魯恩是我效力的人當中最具競爭力的一個。他也是一位不斷求新求變的創新者，但他也知道自己的表現只能和周遭的人一樣出色。吉姆・麥凱，霍華德・科賽爾，凱思・傑克遜（Keith Jackson），法蘭克・吉佛德（Frank Gifford），唐・梅雷迪斯（Don Meredith），克里斯・申克爾（Chris Schenkel），滑雪的鮑伯・比提（Bob Beattie），賽車的傑奇・史都華（Jackie Stewart）。他們都是富有魅力的廣播電視主持人，魯恩把他們變成家喻戶曉的名字。

「體育競賽的人類戲劇」（引用《體育大世界》開場白的另一句台詞）——魯恩如何看待我們播報體育賽事，那句話是他的真正看法。運動員是我們在敘述的故事中人物。他們從哪裡來？為了來到這裡，他們必須克服什麼困難？這場競賽與地緣政治類戲劇有何相似之處？如何從這場比賽看到不同的文化？我們不僅將體育活動，而且將世界帶入數百萬美國人的客廳，他為此揚揚得意。

他也是我的上司中，第一個利用科技進步，徹底改變我們的工作內容和工作方式的人。反拍鏡頭、慢動作重播和透過衛星直播比賽，全是魯恩想出的點子。他嘗試每個新鮮小玩意，打破所有過時的格式。他一直在尋找與觀眾建立聯繫，和吸引觀眾注意力的新方法。從此之後，我所做的每份工作都把魯恩教給我的格言奉為圭臬：不創新，就等死，如果你不敢嘗試，就沒有創新可言。

他也是不斷追求完美的完美主義者。我進入電視台的頭幾年，大部分週末都在第六十六街地下室的控制室裡度過。我的工作需要從世界各地接收影像，然後傳送給製作人與編輯，經過剪接和過音之後才播出。魯恩經常會出現在控制室裡露面，如果他不親自露面，也會打電話來——不管身在何方。（我們的每間控制室以及每場比賽轉播現場的行動設備中都有一部紅色的「魯恩電話」。）如果他在家中收看轉播——他總是從某個地方觀看，看到他不喜歡的內容，就會打電話來叮囑。鏡頭的角度不對。故事線需要再加強。我們不要做預告！

魯恩做事巨細靡遺，沒有什麼細節是小到可以忽略的。完美是正確做好每個細微之處累積的結果。就像我在辛納屈演唱會上親眼目睹的那樣，有無數次他在節目播出前撕毀整個程序表，要求團隊全部重做，即使這意味著要在剪輯室熬夜到天亮。他不會大呼小叫，但是他很嚴厲又嚴格，他會非常明確地指出哪裡有問題，希望修正，而且他也不太在意修正要犧牲些什麼。節目才是關鍵，對他來說就是一切。節目對魯恩來說，比對製作節目的人更重要。如果要為他工作，就必須接受這一點。他堅持把事情做得更好的態度，能激勵其他人更上一層樓。可是做起來經常令人筋疲力盡，心生沮喪（很大程度是因為他直到製作的末期才有意見或要求變更），不過他帶給你的鼓舞遠勝於挫折感。你知道他有多在乎把事情做得更好，你只想不辜負他的期望。

他的口頭禪很簡單：「做你需要做的事，讓事情變得更好。」我從魯恩身上學到的所有經驗中，這是令我印象最深刻的。當我談到這項領導特質時，我稱它為「不懈地追求完美」。在實踐上，這意味著很多事情，而且很難定義。其實這是一種心態，並沒有一套確切的規則。這並非不惜一切代價去追求（魯恩並沒有特別關注這點），起碼這是我內化之後得到的感想。我認為要營造一個拒絕接受平庸的環境。你出於本能會抗拒，**推說沒有足夠的時間，或者我沒有精力，或者這很難談成，我不想去談**，或者找任何一個我們可以說服自己「夠好」就夠好了的理由。

不再為魯恩工作數十年後，我看了一部紀錄片《壽司之神》（*Jiro Dreams of Sushi*），講述來自東京的壽司名廚小野二郎的傳奇人生與成功故事。他開的壽司店榮獲米其林三顆星的評價，是世界上最難預約的餐廳之一。在這部片中，八十多歲高齡的他仍在精進自己的廚藝，力求完美。有些人形容他是日語職人（shokunin）的體現，亦即「為了多數人的幸福，無止境地追求完美」。看了這部片讓我愛上二郎，對職人精神也深深著迷。二〇一三年，我到東京出差，和一些同事一起去了這家餐廳。我們見到二郎，他為我們做晚餐，我看著他在三十五分鐘內一個接一個節奏順暢地擺上十九個精美的壽司，不禁對他肅然起敬。（這個用餐速度是由於他堅持上桌的壽司醋飯一定要與人體肌膚溫度相當。如果用餐的時間太長，醋飯的溫度將比華氏九十八．六低幾度〔攝氏三十七度〕，這對二郎是無法接受的。）

我非常喜歡這部紀錄片，還在迪士尼度假區向二百五十位主管播放了部分片段。我希望他們透過二郎的例子更加理解我所說的「不懈地追求完美」。這就好像讓你對自己創作的作品感到極度驕傲，同時擁有追求完美的本能，以及遵循這種本能的職業道德。

❀

我最喜歡與魯恩的互動之一是在ABC體育任職初期。即使我們在同一樓層工作，而且體育部是一個相對規模較小的部門，那時的魯恩從未讓我感到平易近人。除了敷衍的打招呼，他幾乎不認得我。有一天，我站在男廁小便斗旁邊，發現魯恩就在我旁邊。令我驚訝的是，魯恩開始和我聊天。「怎麼樣？」

我愣了一會，然後說：「嗯，有時候覺得只是讓我的頭保持在水面上就很困難。」

魯恩直視前方。他沒有一點遲疑，立刻說道：「買一條長一點的呼吸管。」然後他如廁完畢，走了出去。

他不喜歡藉口。後來，當我與他更密切合作時，才發現大家說他不能接受對方說「不」的含義。如果他要你做某件事，那麼你應該窮盡一切可能的方法來完成。如果試過之後，回來跟他說還是行不通，他只會告訴你：「還有別的辦法。」

一九七九年，世界桌球錦標賽在北韓平壤舉行。魯恩有一天叫我到他的辦公室，說：「這很有意思。我們在《體育大世界》播報吧。」我以為他在開玩笑。他當然知道，體育比賽在北韓舉辦，要取得轉播權是不可能的。

他不是在開玩笑。

接著，我開始為取得這項賽事的轉播權在全球奔走。第一站是威爾斯的卡地夫（Cardiff），與世界桌球總會負責人會面。因為我不被准許前往北韓，所以我從卡地夫飛到北京與北韓代表團會面。經過幾個月的密集磋商，結案前夕，我突然接到美國國務院亞洲事務局人員打來的電話。他說：「你和他們所做的每件事都是違法的。」「你違反了美國禁止與北韓做生意的嚴格制裁。」

當然這件事看似走進死胡同，但是我想到魯恩所說的還有別的辦法。結果還有下文，美國國務院並不反對我們進入北韓；其實他們很喜歡我們帶攝影機進入北韓去拍攝的想法，只是不許我們花錢向北韓購買轉播權，或者與他們訂立任何合約。當我向北韓代表解釋這一點時，他們很生氣，這整件事顯然會破局。最終我心生一計，就是我們不透過主辦國，而是透過世界桌球總會，拿到轉播權。雖然我們不再付款給北韓，但北韓仍然同意讓我們入境。我們成為數十年來第一支進入北韓的美國媒體團隊，這是體育比賽轉播的歷史性時刻。魯恩絕對不知道我為了完成這件事付出多少努力，但是我知道，如果沒有他的期望和我想要滿足他的期望，我就不會成功辦到。

在要求員工表現及不讓他們害怕失敗之間找到平衡，是一件微妙的事。在魯恩手下工作的人大都希望達到他的標準，但我們也知道，他對藉口感到不耐煩，而且如果我們的表現無法讓他滿意，他可以輕易地以非常刻薄甚至有點殘忍的方式嚴厲斥責。

每逢週一早上，體育部門的高級主管都會圍坐在會議桌開會，檢討上週末的播報，並討論未來企畫。我們其他人坐在會議室裡面外圍一圈的椅子上，真的坐在後座，等待上級長官對我們剛完成的工作提出批評，以及接下來的任務指令。

有一天早上——我加入《體育大世界》初期，也是前述「呼吸管」對話差不多時間——魯恩走進來，狠批整個團隊，因為塞巴斯蒂安．柯伊（Sebastian Coe）這位偉大的英國中距離賽跑選手，在挪威奧斯陸舉行的田徑比賽創造了一英里世界紀錄，而我們錯過了。這類事情通常都在我們的掌握之中，但是這次的情況意想不到的複雜，我無法及時取得這場比賽的轉播權。我覺得週一會被檢討，但我還是心存僥倖，希望開會時不要提到。

沒那麼走運。魯恩環顧四周，注視他的資深團隊，想知道是誰犯的錯。我舉起手來自首。現場鴉雀無聲。二十幾個人轉頭看我，沒人吭聲，接著我們繼續下一個討論事項，但是在會議結束之後，許多人走到我面前，小聲說：「我真不敢相信你那麼做。」

「做了什麼？」

「承認這是你的錯。」

「什麼意思？」

「從來沒有人這樣做。」

魯恩沒再提起這件事，但從那一刻起，他對我的態度有所轉變，對我更加器重。早些年，我認為這個故事只讓我學到一個教訓。顯而易見，就是當你把事情搞砸了，要勇於承擔。真的，而且這麼做意義重大。如果你坦承錯誤，在工作上，在生活中，周圍的人將更尊重你、更信任你。不犯錯是不可能的，但是承認錯誤以及從錯誤中學習是可以做到的，同時也樹立「人非聖賢，孰能無過」的榜樣。要不得的行為是，藉由撒謊或掩飾自己的過失，暗中打擊別人。

不過，那次經驗還讓我有別的領會。事隔多年後，當我處於真正的領導地位時，我才完全明白。說起來很簡單，簡單到你可能認為不值得一提，但是這非常罕見：對人要尊重。對待每個人要公平而且有同理心（empathy）。這並不意味著降低期望，或者暗示犯錯無所謂。這意味著你營造了一個環境，讓別人知道你會聽他們說話，你在情感上始終如一，而且一視同仁，要是無心之失，你會給他們第二次機會。（如果他們不承擔自己的錯誤、怪罪別人，或者錯誤是不道德行為的結果，那就另當別論，這些行為不該容忍。）

ABC體育有些人員害怕遭到魯恩責罵，因此避免冒險或不敢躁進。我從來沒有那樣的畏懼，但是我可以從別人的身上看到，而且我了解這種懼怕其來有自。魯恩是一個反覆無常的上司。長久下來，善變的行為嚴重傷害員工的士氣。某一天，他會讓你覺得你是這個部門中最重要的人。第二天，他又莫名其妙地痛罵你一頓，或者背後捅你一刀。他喜歡挑撥離間，我無法確定這是有目的的策略運用，還是個性使然。雖然魯恩才華洋溢，功成名就，內心卻沒有安全感。而他捍衛自己的方式就是營造周圍的人的不安全感。這種方式經常奏效，會使你更加賣力去取悅他，但是有幾次他快把我搞瘋了，我確信我一定會辭職不幹。不是只有我這樣想。

不過我沒有辭職。我能夠接受魯恩這種行使權力的方式，其中好的部分激勵了我，壞的部分也不會讓我太受傷。我想，我天生適應力強，在魯恩手下工作使我的韌性變得更強。我為自己賣力工作感到自豪，特別是這裡人才濟濟，不乏學經歷、背景比我更優秀的人。說到底，我可以做得比別人更好這件事情，對我才重要，魯恩的情緒變化並不是我關注的重點。

後來回想，我才明白我們所完成的很多事情，並不需要付出如此高的代價。魯恩追求完美的精神激勵著我，從那時起我就一直帶著它前進。但是我一路上也學到其他一些東西：卓越與公平不需要相互排斥。那時我不會這樣明確表達。我多半只是專注於做好自己的工作，當然，我沒有想過如果我處於魯恩的位置會怎麼做。然而幾年後，當我有機會領導別人時，我本能地意識到追求完美的必要性以及只關心產品而不關心人的陷阱。

第2章

拿天分壓寶

一九八五年三月，我三十四歲，而且剛剛升任ABC體育的副總裁。ABC的創始人、董事長兼執行長倫納德．戈登森（Leonard Goldenson）同意把自家公司賣給一家規模小很多的「首都城市傳播公司」（Capital Cities Communications）。這家被稱為「Cap Cities」的公司，規模僅有ABC的四分之一，他們以三十五億美元的價格收購我們。這項宣布讓ABC上上下下每個人都傻眼。像首都城市這樣的公司怎麼會突然擁有一個大型電視網？這些人是何方神聖？這是怎麼發生的？

這些人是湯姆．墨菲（Tom Murphy）和丹恩．博科（Dan Burke）。他們從紐約州阿伯尼市（Albany）一家小型電視台起家，這些年經過不斷併購，建立了Cap Cities。湯姆的摯友華倫．巴菲特（Warren Buffett）支持這筆三十五億美元的交易。在巴菲特的協助下，他們吞併我們這家規模大很多的公司。（就像湯姆．墨菲說的：「小蝦米吃大鯨魚。」）

湯姆和丹恩不是和我們同一個世界的人。在我們眼裡，他們毫不起眼。他們擁有地方電視台和廣播電台以及龐大的出版業務，包括一些中型報紙。他們是經常上教會做禮拜的天主教徒（他們在紐約麥迪遜大道的辦公室位於紐約天主教大主教區的一幢大樓裡），沒有經營電視網的經驗，與好萊塢毫無聯繫，而且出了名的吝嗇。我們不知道他們接手後會怎麼整合，但我們知道，我們習慣的一切不會和以前一樣。

併購案於一九八六年一月完成。不久之後，湯姆和丹恩在鳳凰城舉行了一次公司聯誼會。我的層級還不夠高，沒有受到邀請，但事後我聽到許多其他ABC高階主管的抱怨和竊笑，說舉辦的團隊激勵訓練很老土，還嘲弄湯姆和丹恩簡單樸素的價值觀。後來我意識到我們都是愛譏諷的勢利眼。接下來的幾年，這些老掉牙的傳統活動協助公司內部凝聚真正的向心力。湯姆和丹恩對好萊塢的反感，不表示他們就像ABC許多高層主管早期以為的那樣頭腦簡單。他們只不過是：專注於本業而對浮華毫無興趣的務實商人。

不過，的確，經營一家大型娛樂公司是他們從未有過的經驗。首先，他們未曾管理過世界一流的行政人才。從他們與魯恩的關係來看，這一點再明顯不過了。首都城市收購我們時，魯恩同時執掌ABC體育部和新聞部，他從一九七七年新聞節目收視率陷入低迷時，開始接手新聞部，就像他在體育部一樣，對新聞部執行大刀闊斧的改革，推出他的明星主播——彼得．詹寧斯（Peter Jennings）、芭芭拉．華特絲（Barbara Walters）、泰德．寇佩爾（Ted Koppel）以及黛安．索耶（Diane Sawyer）——並安排他們在一系列節目中亮相。他製作了《20/20》和《ABC世界新聞》（*World News Tonight*），然後製作了《夜線》（*Nightline*），《夜線》節目源於ABC對伊朗人質危機的報導。魯恩把體育賽事播報的無情競爭精神和驚人的視覺感受帶進新聞報導，新聞部在他的帶領下成長茁壯。

湯姆和丹恩尊敬魯恩，也很清楚他的才幹和聲譽，但是他們也有點怕他。魯恩的言行舉止都是他們不熟悉的世界，魯恩把這點變成他的優勢。他冷眼相待，有時甚至公開批評湯姆和丹恩。開會時，他姍姍來遲，有時會公然無視於這些他眼中的「鐵公雞」發布的政策。那個時期，我是碩果僅存的體育部保守勢力成員，魯恩經常對我表示同情。有天結束，我曾接到他的助理打來的電話，要我去新聞部。我人一到，魯恩就拿出一瓶他喜歡的義大利白葡萄酒。我們坐在他的辦公室裡，周圍都是艾美獎（Emmy）獎座，他一直抱怨湯姆和丹恩如何讓他綁手綁腳，風格變調。「他們不懂，」他說。「要成功不能不花錢。」

魯恩相信追求卓越要不惜成本，不希望任何人告訴他必須改變他做事的方式，以達成某些隨便訂定的預算目標。他並不關心業務方面的問題，但如果被逼急了，他總是振振有詞的說這麼多年我們創造了龐大的營收，還說花錢不手軟不僅打造出令人驚嘆的電視節目，並創造了一種廣告商希望參與其中的精緻及魅力四射的氛圍。

可是那不是湯姆和丹恩的作風。他們入主後，立即剝奪掉我們過去習以為常的所有福利。ＡＢＣ總部前不再有排隊等待高階主管的豪華轎車，不再有搭協和客機或頭等艙出差的旅行，也不再有無底線的報銷帳目。他們了解我們做業務的方式改變，ＡＢＣ許多人都不願接受。利潤越來越薄，競爭更加激烈。甚至在我們自己的公司內，ＥＳＰＮ（娛樂與體育節目電視網）都開始找到立足點，最終會對ＡＢＣ體育部產生直接影響。

湯姆和丹恩可不是一味要求簡樸、「不懂裝懂」的人。他們都是精明的商人，知道風向。（應該說，他們覺得錢該花就要花。他們同意魯恩挖角在哥倫比亞廣播公司〔ＣＢＳ〕任職的黛安·索耶，以及延攬國家廣播公司〔ＮＢＣ〕的大衛·布林克利（David Brinkley），來充實ＡＢＣ新聞全明星團隊，這時魯恩受益比任何人都要多。）

他們入主後立刻進行改革，其中一項措施就是告訴魯恩，他們不希望他同時帶領體育部和新聞部。他們讓他選擇，然後魯恩選擇了新聞部，但有個附帶條件，他必須是一九八八年卡加利（Calgary）冬季奧運轉播工作的執行製作人。我以為他們會從體育部內升某個人來遞補（我甚至以為可能就是我），他們卻從外面空降丹尼斯·史旺森（Dennis Swanson）。（丹尼斯在接掌備受稱道的ＡＢＣ體育部門之前，他已經為ＡＢＣ管理了大約六家地方電視台。（丹尼斯聲名大噪，而且當之無愧，因為他獨具慧眼，一九八三年找來歐普拉·溫弗蕾〔Oprah

Winfrey〕上芝加哥電視節目。）

一夜之間，我的頂頭上司從有史以來最成功的體育電視部門高層主管，變成從未在電視聯播網或體育播報工作過一分鐘的人。他們考慮遞補魯恩遺缺的人選時，我的前任上司吉姆．史彭斯（Jim Spence）也被略過。湯姆和丹恩宣布丹尼斯接任的消息，吉姆隨即遞出辭呈，一些高階主管跟著他出走。吉姆跳槽到人才仲介機構ICM新成立的運動部門。我繼續看看是不是有其他機會。但是，在為丹尼斯工作一陣子之後，我打電話給吉姆，跟他說這裡似乎再也沒有什麼好留戀的，我想離開。吉姆邀請我加入ICM，我們很快達成了協議。我和ABC有合約，但我認為他們會讓我解約，第二天我上班，打算通知丹尼斯這件事。

還來不及安排與丹尼斯面談，我先見了他請來幫忙管理體育部的ABC人力資源主管史蒂夫．索樂門（Steve Solomon）。我告訴史蒂夫，我打算另謀出路。他說：「我們需要和丹尼斯談談。」「他對你有別種想法。」當我走進丹尼斯的辦公室時，他說：「我有消息告訴你。我要請你當節目編排的高級副總裁。我希望你為ABC所有體育節目製作一份藍圖。」

我一頭霧水，終於吐出一句話：「我正要告訴你，我要走。」

「走？」

「我真的認為我在這裡沒有前途。」我解釋說，吉姆．史彭斯正在ICM創立體育部門，我決定加入他。

丹尼斯說：「我認為那是一個錯誤。」依他的看法，公司未必會讓我解約。「對你來說，這是一個大好機會，鮑伯。我認為你不該就這麼放棄。」他讓我考慮二十四小時，再給他答覆。

那天晚上我回到家，與當時的妻子蘇珊（Susan）長談。我們權衡了為丹尼斯工作的疑慮，和這項新職務的潛力。我們談到了兩個女兒，並評估留在一個我很熟悉的地方的安全感，與冒險投入一個新創事業的風險。最終我決定留在原地，因為多年來ABC體育對我來說一直是個很棒的地方，我還不準備放棄。

在我們的職業生涯、我們的生活中，有些時刻是拐點（inflection points），但往往不是最明顯或最戲劇性的時刻。我不確定自己是否做了正確的決定。的確，留在我熟悉的地方可能是更安全的選擇。但是我也不想因為我的自尊心受傷，或因為我對丹尼斯有種優越感，一時衝動而離開。如果我最終要離職，那一定是因為有個千載難逢的機會，讓我拒絕不了，而ICM的工作不是。

事實證明，接受丹尼斯的提議是我職業生涯中最好的決定之一。我很快就知道，我對他的評價完全錯誤。他和藹可親，為人風趣。他的活力和樂觀具有感染力；最重要的是，他知道自己有不知道的事。這在上司身上是難得的特質。因為丹尼斯從來沒在電視網工作過，可想而知，如果換成別人處在他的位置，可能會打官腔或不懂裝懂。但丹尼斯沒這麼做。我們開會討論事情，他不會裝模作樣，他坦言自己不知道，然後向我和其他人尋求幫助。他經常坐在一旁，讓我帶頭與上級長官對話。冬季奧運轉播籌備進入倒數計時，丹尼斯讓我向奧會以及公司最高管理階層介紹我們的計畫。對我來說，這是一個大好機會，也是丹尼斯從不邀功的完美範例。

他的本性如此，生性大方有雅量，但湯姆和丹恩創造的企業文化也發揮推波助瀾的作用。他們是我見過最真實的兩個人，始終呈現真正的自己。沒有架子，沒有需要管控的自負，沒有虛假的誠意。不管和誰說話，他們都一樣誠實和坦率。他們是精明的商人（華倫・巴菲特後來稱他們是「可能是世界上空前絕後最偉大的兩人管理組合」），但不僅於此。我從他們那裡了解到，真正的正派和專業競爭力並不相互排斥。實際上，真正的正直（一種知道自己是誰，並被自己清楚的是非觀念引導的感覺）是一種秘密武器。他們信賴自己的直覺，對人尊重。久而久之，公司開始表現出他們的價值觀。如果跳槽，我們當中許多人可以拿到更高的薪水。我們知道現在的薪水低。但是我們留下來，是因為我們對這兩個人的忠心。

他們的商業策略非常簡單：對控制成本保持高度警覺，而且相信分權的企業組織結構。意思是，他們不認為每個關鍵決策應該由他們兩個人，或公司總部內的一小群策略師來做。

他們雇用聰明、正派和勤奮的人，讓這些人擔任要職，並給予完成工作所需要的支援和自主權。他們不吝於投入時間，而且平易近人。正因為如此，為他們工作的管理人員始終清楚明白什麼事情應該優先處理，他們的專注也使我們所有人都能夠專注。

❀

一九八八年二月，我們前往卡加利轉播冬季奧運會。按照約定，魯恩是執行製作人，我是高級節目主管。這意味著，奧運前的長期籌備階段，我負責所有電視轉播活動的複雜安排，與奧林匹克組織委員會和世界各地的各個管理機構進行溝通和磋商，並協助提前規畫我們的報導。奧運揭幕前幾天，魯恩來到卡加利，叫我去他的套房。「好了，」他說。「我們在做什麼？」

我們已經共事兩年，但現在一切都沒有改變——無論是好的、還是壞的方面。我們預定在開幕典禮前一天晚上播出三小時的奧運預告片。幾週來，我一直試圖讓魯恩關注這件事。在預定播出的前一晚，魯恩抵達卡加利，終於看到片子。「這全都不對，」他批評說。「沒有爆點，沒有張力。」接著一組人員通宵達旦，及時執行他所有的修正，在電視上順利播出。他當然是對的。他講故事的本能和以往一樣敏銳。但這是一種壓力很大的工作方式。這件事也提醒我們：一個人不願意及時給予回應，會造成非常大不必要的精神壓力，績效也不彰。

我們在卡加利郊區的一間大而深的倉庫設立作業中心。倉庫裡有幾輛拖車、一些較小的建築物，以及製作人員和技術人員進駐。我們的控制室也在那裡，魯恩坐在船長椅上，我在後排處理後勤事務。控制室的後面是一個玻璃隔間的小房間，專供貴賓觀察使用。整個奧運期間，湯姆、丹恩以及幾個董事會成員和嘉賓都在玻璃屋裡觀看我們的工作情形。

剛開始幾天進行得很順利，可是一夕之間風雲變色。強烈的欽諾克風（chinook winds）吹襲，使氣溫飆升至華氏六十多度（約攝氏二十度左右）。高山滑雪道上的雪和有舵雪橇滑道的冰都融化了。比賽接連被取消，即使賽事得以舉行，轉播也成為一大挑戰，因為一片霧茫茫，我們的攝影鏡頭看不到任何東西。

接下來的幾天，每天早上我都會來到控制室，可是對於當天晚上要播出什麼內容，幾乎毫無頭緒。可是我始終樂觀面對，這便是一個完美範例。出現突發狀況當然很可怕，但是我需要將這些狀況視為需要解決的難題，而不是災難。我轉告團隊其他成員，我們才思敏捷，解決這些問題遊刃有餘，很快就會有精彩的節目。

我們面臨的最大挑戰是如何找節目來填補電視的黃金時段，以前黃金時段都直播有票房保證的重大奧運比賽，如今面臨開天窗的窘境。我們要與一個努力解決自己的賽程安排危機的奧林匹克委員會討論對策。甚至在奧運比賽開始前，我就已經在和他們挑戰自己的運氣。原本冰球（冰上曲棍球）錦標賽的抽籤結果，是美國隊在前兩場比賽對上世界上最難纏的兩支勁旅。我認為美國隊會輸掉這兩場比賽，他們慘遭淘汰之後，觀眾收看興趣就會大減。因此，我在世界各地奔走，與國家冰球總會和奧林匹克委員會會商，說服他們重新抽籤分組賽程。現在，我和卡加利奧林匹克委員會一天通好幾次電話，懇求他們更改比賽時間表，讓我們在黃金時段有精彩比賽可以播。

每晚直播前我與魯恩的會面，幾乎都很滑稽。他每天下午來到觀察室，說：「今天晚上我們要做什麼？」我回答說：「嗯，我們有羅馬尼亞對瑞典的冰上曲棍球比賽。」諸如此類，然後我會向他詳細解釋重新安排的賽事，然而經常沒有重新安排的賽事。由於沒有我們需要的比賽，所以我們每天都派出一組人馬去挖掘扣人心弦的人情趣味故事。然後把這些特寫串起來，穿插在當晚的節目中播出。牙買加國家雪橇隊是及時雨。異想天開的英國跳台滑雪選手艾迪．「飛鷹」．愛德華茲（Eddie "The Eagle" Edwards）也是天賜的好題材。他在個人七十公尺和九十公尺項目都是最後一名。這份工作像是高空走鋼索，很危險但也很有趣。每天面對挑戰讓我很有滿足感。我心裡明白，克服挑戰的唯一辦法是心無旁騖，而且要一副氣定神閒的模樣，以穩定軍心。

結果觀眾全都埋單。這次奧運轉播收視率創下歷史新高。湯姆和丹恩很滿意。臨時增加這麼多的戲劇性場面，為魯恩引領風騷的體育電視時代畫上適當的句點。這也是連續四十二年之後，ＡＢＣ轉播的最後一屆奧運。以後，我們不再擁有奧運轉播權。節目播出完畢，播報的最後一晚，我們幾個人在控制室裡開香檳慶功，為我們的努力舉杯，笑談有驚無險避免掉一場災難。他們一個接一個魚貫而出，返回飯店。我是最後一個離開控制室的人，像陀螺轉個不停之後，我在這裡輕鬆享受片刻的寧靜，然後關燈打道回府。

❀

幾週後，我被召喚去和湯姆與丹恩開會。「我們希望更了解你，」湯姆這麼說。他告訴我他們在卡加利密切觀察我，他們對我在壓力下的待人處事方式印象深刻。「你可能有些機會，」丹恩這麼說，言談間他們透露已經相中我了。我的第一個想法是，也許我有機會升任ESPN最高職位，但不久之後這個職位給了當時擔任ABC電視台執行副總裁的傢伙。他們再次打電話給我時，我因為再度與新職缺擦肩而過感到沮喪。他們讓我遞補ABC電視台執行副總裁的遺缺。「我們希望你暫時待在那裡，」丹恩說。「不過我們有更大的計畫。」

我不知道他們有什麼鴻圖大略，但是他們剛剛給我的工作——ABC電視台第二把交椅——感覺舉足輕重。我今年三十七歲，工作經驗主要在體育節目方面，現在我要負責白天、深夜和週六早上的電視節目，並管理整個電視網的商業事務。我完全不知道如何完成這些工作，但是湯姆和丹恩似乎對我充滿信心，相信我可以從工作中學習。

在整個職業生涯，我出於本能，總是把握住每個機會。某種程度上，這只是一般的企圖心。我想更上一層樓，學得更多，做得更多，我不會放棄任何機會，我也想要證明自己有能力做我不熟悉的事情。

在這方面，湯姆和丹恩是完美的老闆。他們會說，能力更勝於經驗。他們相信，用人要用的是這個人的資質，而不是個人的資歷。這不是說經驗並不重要，但是依照他們的說法「適才適所」，相信只要把人才放在他們可以成長的位置，即使是他們不熟悉的領域，事情也能圓滿解決。

湯姆和丹恩把我帶進他們的核心圈子，讓我參與決策，向我介紹一些人，包括布蘭登・史托達德（Brandon Stoddard），他的最高職位是ABC娛樂（ABC Entertainment）總裁。布蘭登是個才華橫溢的高階主管，對電視節目很有鑑賞力，但像娛樂圈其他許多人一樣，他沒有在公司組織架構中工作的氣質。布蘭登對好萊塢瞭若指掌，湯姆和丹恩對他來說，只是「電視台的傢伙」，對他的業務一無所知。他無法掩飾自己對他們的不屑，不願意適應他們的做事方式，甚至不願意花心思去了解他們的來歷。難怪湯姆和丹恩越來越沮喪。日積月累，彼此變得互不信任，怨懟油然而生。

一個週五的清晨，我坐在西六十六街ABC總部的自助餐廳裡，丹恩在我對面坐下。大多數時候，他和我比其他人都早到辦公室，我們經常在自助餐廳見面，聊聊最新情況。他把早餐托盤放下，說：「湯姆今天要搭機飛洛杉磯。你知道為什麼嗎？」

「不知道，」我說。「怎麼了？」

「他要解雇布蘭登・史托達德。」

這並沒有完全震撼到我，但是令我訝異的是，我沒有聽到他可能被撤換的半點風聲。開除ＡＢＣ娛樂的總裁，在好萊塢可是大新聞。「你打算怎麼做？」我問。

「我不知道，」丹恩說。「我們得想辦法解決這個問題。」

那個週五湯姆解雇了布蘭登。丹恩週末搭機去見他，週一傍晚我在家裡接到他的電話。

「鮑伯，你在幹什麼？」

「為我的女兒做晚餐，」我說。

「我們希望你明天早上搭機來這裡。你能做到嗎？」

我告訴他我可以，然後他說，「在你上飛機之前，有件事你應該知道。我們希望你接任ＡＢＣ娛樂的總裁。」

「對不起，請再說一遍？」

「我們希望你接任ＡＢＣ娛樂的總裁。你來這裡我們再詳談。」

第二天早上我飛到洛杉磯，直接去見他們。他們說，與布蘭登的鬥爭已經太多了。他們花了整個週末的時間徵詢各方意見，討論接替人選。其中一個人選是我們的研究部負責人艾倫・沃澤爾（Alan Wurtzel）。他們很喜歡他，也尊重他，於是向斯圖・布倫伯格（Stu Bloomberg）提出這個建議。布倫伯格曾經掌管喜劇部門，剛升任電視台戲劇部門最高主管。「你們不能那麼做，」斯圖告訴他們。他說：「這是一份需要創意的工作。你不能把它交給研究部主管！」接著他們問斯圖：「你覺得鮑伯・艾格怎麼樣？」斯圖說，他不太了解我，但是每個人都對我處理奧運播報的方式印象深刻，而且據他所知，大家都喜歡我並尊重我。

斯圖也告訴他們，他很樂意為我效勞，有他這句話對他們來說就夠了。「我們希望你來接這份工作，」湯姆說。我受寵若驚，但我也知道對他們來說，這冒了很大的風險。這將是ABC史上首次由非娛樂圈人士執掌ABC娛樂。我不知道是否曾經有好萊塢的門外漢在任何一家電視台擔任同樣的職務。「我跟你們說喔，我很感激你們對我的信任，」我這麼說。「但自從大學上過電視劇本寫作課後，我就再也沒讀過劇本。我不懂這部分的業務。」

他們以慣常的慈父口吻回應。「噢，鮑伯，你會很棒的，」湯姆說。

丹恩補充說：「我們想讓你在這裡生存下來，鮑伯。我們希望當你完成的時候，你還能拿著你的盾牌，而不是躺在盾牌上被抬走！」

那天晚上，我和斯圖・布倫伯格和泰德・哈伯特（Ted Harbert）共進晚餐，這兩個人與布蘭登一起打造ABC的黃金時段節目。根據他們的規畫，由我掌管娛樂部門，斯圖和泰德則是我的下屬，共同分擔第二把交椅的工作。泰德督導節目編排和進度；斯圖職司開發。他們都是經驗豐富的娛樂圈資深人士，尤其是斯圖，最近ABC推出許多有口碑的劇集，包括《兩小無猜》（*The Wonder Years*）和《我愛羅珊》（*Roseanne*），都是由他主導。他們有充分的理由鄙視一個對他們的業務一無所知就要來當主管的人。恰好相反，他們鼎力支持，是我共事過兩個最挺我的人。他們的支持從第一天晚上就開始。晚餐時，我坦言需要他們的輔助。他們熟稔娛樂業，而我是外行，但我們的命運如今交織在一起，我希望他們有耐心幫助我工作上軌道。「別擔心，鮑伯。我們會教你，」斯圖說。「一定會很棒的。相信我們。」

我搭機回紐約，和妻子蘇珊坐下來深談。在我去洛杉磯之前，我們已經約法三章，除非先談清楚，否則我不會做出最後決定。接下新職就得住在洛杉磯，我們正在紐約過著自己熱愛的生活。我們剛剛整修了公寓；我們的兩個女兒就讀一所很棒的學校；我們最親密的朋友在紐約。蘇珊是NBC紐約分台WNBC新聞的執行製作人。有部分紐約人從未想過住在其他地方，她是其中之一。我知道，這對她來說很難，她心裡並不想去。可是她非常支持我。「人生是一場冒險，」她說。「如果你不選擇冒險的道路，就枉過一生。」

第二天，週四，湯姆和丹恩宣布我接任ABC娛樂新總裁。三天後，我飛到洛杉磯正式走馬上任。

第3章

了解你不懂的事（而且要相信你做的事）

這不完全是沒配備降落傘，就從高空一躍而下，但一開始的感覺很像自由落體運動。我告訴自己：你有職責在身。他們希望你扭轉乾坤。缺乏經驗不能成為失敗的藉口。

在這種情況下你會怎麼做？第一條守則是不要假裝。你必須謙遜，你不能假裝成別人或不懂裝懂。可是，你處於領導地位，所以你不能讓謙遜阻礙你的領導。這中間的分寸要妥善拿捏，這也是我現在要講的。你必須問你需要問的問題，坦承你有不懂之處，而且不用為不懂抱歉，同時要做好功課盡快上手。沒有什麼比不懂裝懂的人更令人厭倦。真正的權威和真正的領導能力來自於知道自己是誰，而不是裝模作樣。

幸好我身邊有斯圖和泰德。我完全依賴他們，特別是剛上任的時候。他們的首要任務是安排一連串沒完沒了的早餐、午餐和晚餐會議。當年三大電視網的掌門人在電視領域是能夠呼風喚雨的人物（這個事實讓我覺得超現實），但我的出線讓娛樂圈內每個人滿頭問號。我不知道好萊塢的做事方式，也沒有帶過創意人或與他們的代表一起工作的經驗。我不會說他們的語言。我不了解他們的文化。對他們來說，我是來自紐約一個西裝男，突然之間——原因一定令人費解——對他們的創作生活產生巨大的影響。所以每天我都會見到斯圖和泰德為我安排會面的經理、經紀人、作家、導演和電視明星。在大的會議中，我明顯感覺到好像在接受身家背景調查，他們想摸清我的底細，以及我在那裡到底要做什麼。

我的任務是不要讓我的自我（ego）掌控我。與其故意賣弄而無法打動坐在桌子對面的人，不如克制自己的衝動，不要假裝知道自己在做什麼，頻頻發問。我在那裡格格不入是無法避免的。我並非好萊塢出身。我的個性不浮誇，也沒有明顯的狂妄自大。這裡的人我幾乎都不認識。我可能因此沒有安全感，或者我可以讓我的相對平淡無奇——我的非好萊塢風格——變成一種對我有利的神秘感，同時我盡可能吸收資訊。

我來到洛杉磯，僅剩下六週的時間就要決定一九八九至九〇年的黃金檔節目內容。我上班的第一天，就收到一疊四十本的劇本。每天晚上，我都會把劇本帶回家，盡責地閱讀，在空白處做筆記，但我很難想像我面前的劇本轉化成電視劇，我也懷疑自己擁有判斷劇本好壞的能力。我是否注意到正確的內容？其他人能否明顯看到我的疏漏？起初，答案是肯定的。

隔天，我進辦公室與斯圖和其他人一起篩選這堆劇本。斯圖可以十分迅速地剖析劇本——「在第二幕的最前頭，他的動機還不清楚……」——我會回頭翻閱放我膝蓋上的那幾頁，忖思著，**等一下，第二幕？第一幕什麼時候結束的？**（斯圖後來成為我最親密的朋友之一。我有時提出的問題和缺乏經驗，會讓他感到不耐煩，但他依然堅持下來，教導我重要的功課，不僅是如何讀劇本，而且是如何與有創意的人互動。）

然而，時間久了，我開始意識到，這些年來，我一直在看魯恩講故事，受到許多潛移默化的影響。雖然體育節目和黃金時段的電視節目不一樣，但是在故事的結構、節奏和清晰度方面，我甚至已經在不知不覺中汲取一些重要的教訓。在洛杉磯的第一週，我和製作人兼作家史蒂文．波奇科（Steven Bochco）共進午餐。他為NBC製作過《霹靂警探》（*Hill Street Blues*）和《洛城法網》（*L.A. Law*），兩部影集紅極一時。他最近已經和ABC簽下製作十部戲的合約，賺得荷包滿滿。我向史蒂文提過，看劇本讓我很憂慮。我甚至不懂行話，可是，我必須對這麼多的節目迅速做出決定，壓力很大。他揮了揮手，像他這樣的人這樣的舉動讓我深感寬慰。「這不是火箭科學，鮑伯，」他說。「相信你自己。」

當時，ABC的黃金時段有幾部成功的影集《妙管家》（*Who's the Boss?*）、《歡樂家庭》（*Growing Pains*）、《我愛羅珊》、《兩小無猜》和《三十而立》（*Thirtysomething*）。但我們遠遠落後電視巨頭NBC。我的工作是想辦法縮小差距。我們在第一季增加了十幾個新節目，其中包括影集《凡人瑣事》（*Family Matters*）和《生活在繼續》（*Life Goes On*，這是第一部以唐氏症患者為主角的電視劇），以及《歡笑一籮筐》（*America's Funniest Home Videos*）。《歡笑一籮筐》推出後爆紅，現在已經堂堂邁入第三十一季。

我們還播出史蒂文第一次為ABC製作的影集，也大獲好評。我到職的時候，他剛剛送來劇本《天才小醫生》（*Doogie Howser, M.D.*），講述一名十四歲的醫生也一樣有青少年煩惱的故事。史蒂文給我看了一段青少年演員尼爾・派屈克・哈里斯（Neil Patrick Harris）的影片，他屬意尼爾擔綱主演。我告訴他我不確定。我不認為尼爾扛得起這齣戲。史蒂文委婉而直接地打臉我說我狀況外。他告訴我，這基本上是由他來決定——不僅選角，還包括是否推進這個專案。根據他的合約，如果我們答應一個專案，就是給予製播十三集的承諾。如果反對，我們必須給付一百五十萬美元的違約金。同意製作這部影集是我剛上任做的節目決定之一，謝天謝地，史蒂文選擇尼爾當男主角是正確的。《天才小醫生》在ABC播畢第四季後風光下檔，這部戲也標誌著與史蒂文長期合作和友誼的開始。

❀

我們在第一季還承擔一個更大的風險。就因為好萊塢一家餐廳一張餐巾紙背面所介紹的提案，ABC戲劇部主管同意試播大衛·林區（David Lynch）和編劇兼小說家馬克·弗洛斯特（Mark Frost）攜手合作的劇作。當時大衛·林區以其邪典電影（cult films）《橡皮頭》（*Eraserhead*）和《藍絲絨》（*Blue Velvet*）聞名。ABC同意試播這部劇情超現實而且曲折離奇的影集，講述一個名叫蘿拉·帕爾瑪（Laura Palmer）的舞會皇后在虛構的太平洋西北部小鎮「雙峰」（Twin Peaks）被謀殺的故事。大衛拍了兩個小時的試播集，我清楚記得第一次觀看時心想，**這和我以前見過的都不一樣，我們必須做這部**。

就像他們每年做的那樣，湯姆和丹恩及其他幾位高層主管那年春天來看試播。我們為他們選播《雙峰》（*Twin Peaks*），當燈光亮起，丹恩做的第一件事就是轉過頭來看著我說：「我不知道那是什麼，但我認為這真的很好。」湯姆沒丹恩那麼感興趣，房間裡其他紐約的高層也同意湯姆的看法。對電視網來說，這太詭異、太黑暗了。

我很敬重湯姆，但我也知道這齣戲很重要，值得我去爭取。我們不得不面對環境的變化。我們現在和有線電視的節目競爭更加激烈，福斯電視網（Fox Network）也加入戰局，更別說電玩遊戲的成長和錄影機的興起了。我覺得電視節目已經變得無聊並成為衍生品。《雙峰》讓我們有機會播出完全原創的電視影集。大環境在變，我們不能再原地踏步了。這又是魯恩給我上的一課：不創新，就等死。最後，我說服他們讓我進行電視首播，因為它的觀眾群是比紐約ABC電視台年長的高層更年輕、更多樣化的人。試播後未能獲得電視台高層的一致支持，主要因為它是如此的與眾不同；但正是因為它的**與眾不同**，促使我們同意讓它上檔，又製作了七集。

我決定讓它在季中亮相，也就是在一九九〇年的春季，而不是一九八九年的秋季開播。由於難免會有一些新劇會因為收視不佳而慘遭腰斬，每一季我們都會保留一些劇集，在季中遞補播出。與秋季新劇相比，季中劇的壓力要小一點，這對《雙峰》似乎是最佳策略。因此，我們將它交付製作，春季上檔，在中間的幾個月，頭幾集粗剪的版本開始進來。雖然幾個月前他就允許我製播，但湯姆看了部分內容之後，寫給我一封信說：「你不能播出去。如果我們在電視上播放，會毀掉我們公司的聲譽。」

我打電話給湯姆，堅持要播映《雙峰》。那時，好萊塢已經傳得沸沸揚揚。甚至《華爾街日報》（*The Wall Street Journal*）頭版也有一篇文章，提到ABC這個衣冠楚楚的傢夥甘冒巨大的創意風險。突然間，史蒂芬．史匹柏（Steven Spielberg）和喬治．盧卡斯打電話給我。我前往史蒂芬當時執導的《虎克船長》（*Hook*）片場，和喬治的「天行者牧場」（Skywalker Ranch）親自拜訪。史蒂芬和喬治興致勃勃，大談他們可以為ABC做什麼。在我們開始製作《雙峰》之前，這種大師級的名導演會對製作電視節目感興趣，簡直是天方夜譚。（兩年後，一九九一年喬治遞送《百勝天龍（少年印第安納．瓊斯）》（*The Young Indiana Jones Chronicles*），持續兩季。）

我告訴湯姆：「因為冒了這個險，我們得到創意人難以置信的讚揚。我們必須播。」正是這句話成功說服他。他是我的老闆，他大可以說：「對不起，我駁回。」。但他明白我們贏得好萊塢創意人的支持十分重要，他接受了我的推論，認為值得冒這個險。

我們在三月底奧斯卡頒獎典禮上為這部新劇做宣傳。在四月八日週日首播兩小時，吸引近三千五百萬人收看，約占當時電視觀眾人數的三分之一。然後我們安排在每週四晚上九點更新。不到幾週，《雙峰》成為我們四年來同時段最成功的節目。它還登上《時代》（*Time*）雜誌的封面。《新聞週刊》（*Newsweek*）將它描述為「黃金時段或神的國度前所未見」。那年五月，我去紐約參加「季前發布會」。那個大型春季聚會上，電視網向廣告商和媒體播映即將推出的新劇預告，我不得不上台談ABC的計畫。「每隔一段時間，電視台的高層主管就會冒很大的風險。」我話一說完，人群立刻起立鼓掌。這是我職業生涯中最令人興奮的事情。

可是亢奮的激情來得急也去得快。不到六個月的時間，《雙峰》就從文化現象變成了令人沮喪的失望。我們給了大衛創作的自由，但是當第一季接近尾聲時，我和他為了觀眾期望的問題爭論不休。整部劇都圍繞在誰殺了蘿拉．帕爾瑪，我覺得大衛忽略了這點，故事鋪陳方式感覺很隨意，滿足不了觀眾。

大衛過去和現在都是出色的電影工作者，但他不是電視製作人。電視劇的播出要有組織紀律（按時交腳本，管理團隊，確保一切按進度進行），大衛根本沒做到。另外，劇情也要有紀律。製作一部電影，你要吸引觀眾進電影院，坐在那裡兩個小時，給他們一個美好的體驗，希望他們走出電影院時津津樂道，沈浸其中。製作電視連續劇，你必須讓他們一週接一週、一季接一季打開電視觀看。直到今天，我一直愛戴大衛，對他的創作始終敬畏有加，但是他缺乏電視製作人的敏銳度，使得他的劇情走向過於開放式。

我說：「你必須解開這個謎團，或者至少給人某種謎團將來會解開的希望，」我說。「現在的劇情開始讓觀眾感到沮喪，包括我！」大衛覺得這個謎團不是劇情最重要的元素；他的理想版本是我們永遠不會找到兇手，但是這個小鎮的其他方面和角色將會出現。我們花了很多時間討論，最後他同意在第二季透露誰是真兇。

在那之後，劇情變得一團糟。謎團解開後，這個故事推進缺乏了動力。更糟糕的是，製作的過程中沒有足夠的紀律，導致混亂和延誤。對我來說，顯而易見的是，大衛儘管很出色，卻不應該主導這部劇，我和其他人討論解雇他，改請一群經驗豐富的電視節目製作人接手。討論結果我認為這是雙輸的局面，如果開除大衛．林區，我們會被辱罵，於是決定將《雙峰》調到週六晚上播出，部分目的是希望減輕其不許失敗的壓力。結果收視率一落千丈，大衛公開譴責我。他批評我先是要求解開真兇是誰的謎團，然後又把播出時間調到一個沒有人收看的時段，等於判處它死刑。

現在回頭看，我不確信自己是對的。我採用一種比較傳統的電視劇方式來看待《雙峰》

的劇情，而大衛可能走在時代的尖端。我內心深處一直覺得大衛令觀眾失望，但很可能是因為我要求知道是誰殺了蘿拉・帕爾瑪，才使得劇情陷入另一種敘事混亂。大衛可能一直都是對的。

管理創意的流程首先需要了解這不是一門科學，一切都是主觀的；經常沒有對與錯。創造新的事物需要極大的熱情。大多數創作者在自己的眼光或執行力遭到質疑時，都非常敏感，這是可以理解的。每當我與娛樂圈的創作者互動時，我都會謹記這一點。當我被要求提供見解和批評時，我十分留心創作者投入了多少心血，對他們來說承擔多少風險。

我從不以消極態度開始，而且除非我們處於製作的最後階段，否則我絕不會從小處做起。我發現，很多人會專注於細枝末節，以掩飾自己缺乏明確、連貫的宏觀想法。如果你從瑣碎的事情著手，你的格局似乎就大不了。而且如果大局是一團糟，那麼小細節也無關緊要，你不應該花時間專注在這些事情上。

當然，沒有兩種情況是相同的。我提供回饋意見給J・J・亞伯拉罕（J.J. Abrams）或史蒂芬・史匹柏這類經驗豐富的導演，還是較沒經驗和信心的後起之秀，有很大的區別。我第一次和里安・庫格勒（Ryan Coogler）坐下來討論《黑豹》（*Black Panther*）這部電影時，我可以看出他有多焦慮。他從未拍攝過像《黑豹》那樣龐大預算的大片，而且因為求好心切，壓力很大。我極力說清楚，「你已經創作出一部非常特別的電影。我有一些具體意見，但是在我告訴你之前，我希望你知道，我們對你有極大的信心。」

這段話是在陳述看似明顯但經常被忽略的一面：負責創意作品財務績效評估的管理人員，在行使職權時，務必要小心避免傷害創意發揮，產生反效果。同理心是健全管理創造力的前提，而尊重是至關重要的。

❀

不可思議的是，《雙峰》鎩羽而歸並不是我們那一季最大的敗筆。一九九〇年春天，我同意製作《警察搖滾》（*Cop Rock*），這部戲淪為深夜的笑柄，而且在歷來最糟糕電視節目排行榜，永遠占有一席之地。但是直到今天，我依然支持這個決定。

在我和史蒂文・波奇科最初的會面中，他表示除了《天才小醫生》之外，他還有另一個構想：一部警匪音樂電視劇。一位百老匯製片人曾找過他，想把《霹靂警探》變成一部音樂劇，但由於種種原因，他無法做到。然而這個想法一直縈繞心頭——不是為百老匯製作一部警匪音樂劇，而是為電視台製作一部警匪音樂劇。他不時提出來，我就轉移話題。我希望史蒂芬製作警匪劇，但是對音樂劇沒興趣。那年春天，我仍然沈浸在《雙峰》第一季在美國造成轟動的喜悅中，不過我終於改變心意。「你知道嗎？」我告訴他。「有何不可？我們試試看。」

這部劇的故事背景發生在洛杉磯警察局。從各個方面看，它就像一個正規的、精心策畫的警匪劇，只是在高潮時刻，劇中人物會突然唱起歌來：藍調、福音歌曲或大合唱。從我看到試播片的那刻起，我就感覺到這不會成功，而且可能是糟到不能再糟，但我或許錯了也說不定。我非常欽佩史蒂文的才華，無論如何，我認為如果我要做，就需要全心投入。

《警察搖滾》於一九九〇年九月首播。通常，當節目第一次播出的時候，我會要求紐約的研究主管打電話通知我昨晚的收視率。這一次我告訴他，「如果收視率不錯，就打電話來。如果收視率不好，就發傳真。」清晨五點，我被傳真機的響聲吵醒，然後我閉上眼睛，回到床上。

事實上，媒體並不是一面倒的負評。我記得有個人稱讚這部戲「大膽」。其他人說，如果你去掉音樂，就是一部很棒的史蒂文．波奇科警匪劇。其餘的大多數人都認為糗大了。播出十一集之後，那年十二月《警察搖滾》被停播。史蒂文在片場舉辦殺青派對，同時慶祝和哀悼節目結束。最後，他說：「嗯，直到那位胖女士唱歌，這一切才結束。」在我們的頭頂上，有一名身形肥胖、唱歌的女人在擺動的高空鞦韆上飛來盪去。

我起身對全劇演員和劇組講話。我說：「我們做了重大的嘗試，但沒有成功。我寧願冒著巨大的風險，即使有時做了失敗，也不願不冒任何一點風險。」

那是我當時的真實感受。我沒有後悔去嘗試。幾個月後我們停播《雙峰》，我也是同樣的感想。我不想打安全牌。我想要為偉大的事物創造出可能性。我控管黃金時段節目的第一年，學到種種教訓，其中讓我感受最深刻的就是不要在意失敗。失敗不是因為你不努力，而是因為失敗在所難免，如果你想要創新——你應該一直創新——你需要允許自己失敗。

史蒂文和我共同承擔《警察搖滾》的挫敗。我們對這件事有一種幽默感，而且我強調絕對不撇清責任。我幾年前在ABC體育那間會議室裡學到了相同教訓，而這次是超高賭注的版本。你不能抹掉你的錯誤，也不能把你的錯誤決定歸咎別人。你必須承認自己的失敗。雪中送炭所贏得的尊重和善意，就像凡事不居功一樣。

《警察搖滾》造成的傷口稍微癒合一點，史蒂文就告訴我，他想製作他所謂的「電視史上第一個限制級（R級）影集。」我說，「史蒂文，你為NBC做了《霹靂警探》和《洛城法網》。為我們做的節目在哪裡？我拿到了一部警匪劇，那部叫《警察搖滾》。現在你想做點什麼，讓廣告商逃之夭夭嗎？」我不感激的是，史蒂文覺得他已經做過所有其他的事情，被迫要別出心裁——以及他為了順應電視生態變化付出多少心力。他覺得HBO很快會崛起，因為他們的節目創作者不需要遵守主管機關對無線電視台的嚴格審查，也不用擔心冒犯廣告商。所以他把《紐約重案組》（*NYPD Blue*）定位為電視網的第一部限制級電視劇。

我同意史蒂文對於電視生態瞬息萬變和電視網食古不化的看法，但我心知肚明，我不可能獲得許可，讓一個限制級的節目在電視上播出。業務人員這麼告訴我，我也告訴了史蒂文。有一段時間我們兩人都放棄了這個想法。不過，我真的相信，我們可以做一些越界的事情，但並沒有到達限制級，終於這個想法吸引史蒂文的注意力。「如果我們這樣做，」他說，「會是什麼樣子的節目？」

他和我諮詢了審查人員，並提出PG-13級（家長需特別注意）節目範本須知。我們做了一個詞彙表，上面所有的詞都符合嚴格的尺度。（Asswipe〔蠢蛋〕可以，asshole〔屁眼〕不行。你可以用prick〔爛人〕描述一個人，但不能描述身體器官。）我們拿出一本筆記本，畫出裸體人物的簡筆畫，找出裸露夠多但不過度的角度。

下一步是推銷給丹恩．博科。丹恩飛到洛杉磯，我們三個人在史蒂文的辦公室附近共進午餐。我們給他看了我們的詞彙表和簡筆畫，解釋為什麼這個節目對我們很重要。「你們可以做，」丹恩最後說。「但要是惹禍上身，事情會很大條，我可罩不住你。」他指著我說。

這是我願意冒險的另一個例子，部分原因是丹恩和湯姆對我充分信任。他們給我這份工作，我很快完成付託，然後他們給我很大的自由。我不能隨心所欲，做任何想做的事，但我有行使相當大權力的空間。這是我的前任布蘭登．史托達德從未贏得的信任。他拒絕尊重他們，因此他們也不尊重他，結果他爭取的某些事情就遭到否絕。

取得丹恩批准後，經歷了一段漫長而艱苦的開發期，史蒂文朝一個方向推進，卻遭到

ABC的節目編審人員攔阻，好不容易達成妥協。該劇於一九九三年秋季首播，比我們原本打算上檔的時間整整晚了一季。雖然美國家庭協會（American Family Association）呼籲抵制這部劇；許多廣告商拒絕購買節目間插播廣告；我們的兩百二十五家附屬電視台，其中有五十多家用自己的節目取代該劇第一集。但是首播後，外界的反應出奇的好。在第二季，它躋身電視史上十大節目，變成十二年來黃金時段的主要支柱，贏得二十座艾美獎，被視為ABC有史以來最好的戲劇作品之一。

我經營黃金時段節目那段期間，廣告商最重視的十八歲至四十九歲觀眾中，五年裡有四年我們的收視率拚到第一。我們甚至把王牌製作人布蘭登．塔奇科夫（Brandon Tartikoff）拉下馬來。他讓NBC在尼爾森（Nielsen）公司的調查連續六十八週奪得收視冠軍。（當收視率公布ABC躍居第一時，布蘭登打電話來向我道賀。他是個有品味的人。他做了一件沒人能再辦到的事。「我對這件事感到有點難過，」我告訴他。「這就像喬．迪馬喬（Joe DiMaggio）的連續安打紀錄戛然而止。」）

一直以來，我們的成功都是團隊的努力，不過這也是我的職業生涯中，社會輿論第一次把成功歸因於我。我覺得自己因為別人做的事情而被讚揚，是很奇怪的事。我到ABC娛樂任職，新來乍到，對這份工作一無所知，多虧這群優秀的同事毫無保留地與我分享一切。他們努力工作，不覺得我成為他們的上司是一種威脅。由於他們的雅量，我們一起邁向成功，最後大功卻記在我頭上。

不過，持平而論，如果沒有我的帶領，我們也不會在黃金時段節目坐上收視率冠軍寶座。丹恩和湯姆的信任給了我甘冒巨大風險的勇氣；如果我有強項，那就是能夠敦促有創意的人做到最好和勇於冒險，同時也幫助他們從失敗中站起來。節目受到觀眾歡迎始終是集體的努力，但我在ABC娛樂工作這些年，讓我對於如何使一群人才有最高水準的表現，有新的認識。

接受因為真正的成就而受到讚揚，以及不要太過重視外界的吹捧，在這中間要找到一個平衡點。我擔任執行長後，才體認到這一點更有必要做到。當著我同事的面，別人把大部分的注意力和功勞都放在我身上，常常讓我感到內疚。我經常和公司外部的人開會，而對方只會盯著我看，儘管同桌還有我的其他同事。我不知道其他執行長是否有這種感覺，但這讓我很尷尬。這種時候，我會特意表達對同事的讚美和關注。同樣的，當我一個人和迪士尼公司以外的一群人開會時，我一定會和同桌的每個人交流與商談。這是一個小小的動作，但我記得被忽視的同伴內心的感受，而且只要能提醒你，你不是宇宙中心的事情都是件好事。

❀

一九九二年感恩節的那個週末，丹恩・博科打電話給我，說ABC的總裁要退休了。他們想讓我回紐約接替他的位置。這不是太大的驚喜。當初他們任命我接掌ABC娛樂，湯姆和丹恩就曾暗示過，如果我勝任愉快，他們希望最終我能經營管理這個電視網。不過，當我詢問丹恩，他們想讓我什麼時候開始上任時，答案讓我很驚喜。「一月一日，」他說，只剩下一個多月的時間。

我很高興能夠回去，不僅僅是為了這份工作。那一年前些時候，我和蘇珊分居了，她和我們的女兒已經搬回紐約。蘇珊從來沒喜歡過洛杉磯，我們一分居，她就更不喜歡洛杉磯。紐約給她家的感覺，輕鬆自在，我無法因此不讓她走。我盡量經常搭機回來看女兒，但那是糟糕的一年。

在接到通知後，我賣掉洛杉磯的房子，收拾好東西，住進紐約上東城（Upper East Side）的馬克酒店（Mark Hotel）。一月一日，在我四十三歲的時候，我當上ABC電視網的總裁。我已經知道未來某個時刻這件事會來臨，但是事情真的發生，感覺仍然是超現實的。我以前的導師——新聞部的魯恩，體育部的丹尼斯・史旺森，現在都要向我彙報。曾經和斯圖・布倫伯格一起教過我如何當一名電視高層主管的泰德・哈伯特，則接替我掌管ABC娛樂。

經過不到一年，一九九三年底，湯姆・墨菲把我叫進了他的辦公室。「丹恩將在二月退休，」他說。「我需要你接他的工作。」

「我不行，」我說。「這份工作我才剛上手。誰來經營這個電視網？你得等著。」雖然我的本能是不放過每一個機會，但這樣的速度太快了。

八個月後，湯姆又來找我。「我需要你做那份工作，」他說。「我需要人幫我管理公司。」升任這個電視網總裁一年又九個月之後，在一九九四年九月，我成為首都城市／ABC公司的總裁兼營運長（COO）。這是一個令人眼花撩亂、有時會破壞穩定的工作軌跡。一般來說，我不會建議像他們提拔我一樣那麼快速地晉升一個人，但我還要再說一遍，因為這值得一提再提：他們在每個階段表達對我的信心的方式，對我的成功產生重大影響。

在我升任營運長後不久，一九九五年春天，華特迪士尼公司執行長麥可．艾斯納（Michael Eisner）開始洽詢收購首都城市／ABC公司事宜。起初沒有進展，就在那個時候，湯姆告訴我，他正計畫和董事會討論我接替他擔任執行長的事。那年七月，我們在愛達荷州的太陽谷（Sun Valley）參加艾倫公司（Allen & Company）年度會議。我站在停車場與湯姆交談，我可以看到我們最大的股東華倫．巴菲特和麥可．艾斯納在附近聊天。他們揮手示意湯姆過去。在湯姆走開之前，我說：「拜託。如果你決定把公司賣給麥可，請給我一些警示，好嗎？」

沒有多久。幾週之後，麥可正式向湯姆提議展開迪士尼收購首都城市／ABC的談判。

第4章

進入迪士尼

迪士尼收購我們的相關報導已經很多，由於我位居ABC高層，可以提供一些我自己獨特的角度，除此之外幾乎沒什麼可補充。當時我被告知，有件事對麥可．艾斯納至關重要，那就是要我簽下一紙五年的合約，留在合併後的公司。麥可自一九八四年起擔任迪士尼執行長，他的營運長弗蘭克．威爾斯（Frank Wells）在一九九四年春天發生的一起直升機空難中喪生之後，一直在沒有「第二號人物」的情況下經營這家公司。如果這項併購案通過，迪士尼的規模幾乎翻了一倍。麥可知道整合兩家公司，和經營新合併的實體，他無法獨力完成。這對我來說茲事體大，得好好斟酌。短短的時間內，我從可能出任首都城市／ABC公司下一任執行長，到被要求經營迪士尼媒體部門至少五年。平心而論，後者是一個有趣的工作，可是在當時像是吞下一顆苦藥。

我知道如果我同意留下，可能需要搬回洛杉磯，我不想這麼做。我不願意再度離開女兒，而且我年邁的雙親在長島，我想跟他們保持親近。我現在和威蘿・貝伊（Willow Bay）訂婚了，我們在一年多前開始約會。威蘿在紐約前程似錦，主播週末版的《早安美國》，週一至週五為節目主播瓊安・蘭登（Joan Lunden）代班，她被栽培為瓊安的接班人。我不想和她分隔兩地，也不想要求她放棄工作，跟我雙宿雙棲。

因此，個人理由支持我另謀高就，專業理由促使我繼續留任，兩相權衡難以取捨。我不十分了解麥可，可是我喜歡他，也尊重他。幾年前，我們在ABC任職的時間曾經短暫地重疊，但那時我只是一個低階員工，我們從未有過交集。他當上迪士尼執行長後，找來傑弗瑞・卡森伯格（Jeffrey Katzenberg）經營華特迪士尼影業集團（Walt Disney Studios）。多年後，在我掌管ABC娛樂時，他們有意挖角我。如今他直言，如果沒有我，這筆交易不會發生。言下之意是以後他可能要求我填補弗蘭克・威爾斯留下的營運長空缺。這些年我一向努力做好本身的工作，而不是留意將來的職位，但實在很難不去想，有一天我可能有機會當上迪士尼的營運長。

威蘿明確表態支援我留下來。她說，留任不會給我帶來任何損失，反而可能大有收穫，而且她相信我們會解決所有問題。我也尋求湯姆・墨菲的明智之見。湯姆很矛盾（他想把我作為交易的一部分送給麥可），但他也能分辨利害關係，而且他一直是我的諮詢對象。他對我說：「朋友，如果你處理得當，有一天你會經營那家公司。」我相信他的話是肺腑之言。

迪士尼和首都城市／ABC在一個週五下午同意了財務條款。還有一些細節有待敲定，但唯一懸而未決的主要問題是我的去留。同一天晚上，威蘿和我已經排定與準備幫我們證婚的耶穌會神父吉蘭多（Ghirlando）共進晚餐。（我是猶太人，而威蘿是天主教徒，所以我們邀請這位神父和一位新澤西州的猶太領唱者來主持我們的婚禮。）我當時是離過婚的猶太人，希望能在神父的心目中留下好印象。可是每隔幾分鐘，我就不得不離席接聽有關併購案的電話。我開始擔心自己的行為似乎對吉蘭多神父有失尊重，因此我為一再中斷談話致歉。我說：「我知道我是猶太人，但我需要請您遵守『神父對客戶』的保密義務。」

「當然，」他說。

「我們即將宣布娛樂史上最大一筆交易，我還要決定是否繼續留在這家公司。我一直忙著講電話就是討論這些事情。」

吉蘭多神父沒有提供任何神職人員的觀點，但是他為我即將做出的決定給予祝福。我們繼續商量我們的婚禮服務，但是每次我接聽電話時，吉蘭多神父都略顯激動，因為他知道他比其他人提早聽到美國商業史上最大的一筆收購案。

在湯姆．墨菲的推薦下，我聘請一位名叫喬．巴徹爾德（Joe Bachelder）的律師。週六早上，我前往喬位於曼哈頓中城的辦公室，告訴他這件事需要火速解決。我傾向於繼續留在新公司，所以現在基本上是由喬出馬與迪士尼的法務長桑迪．利特瓦克（Sandy Litvack）捉對廝殺，冀望達成對我有利的協定。第二天晚上，ＡＢＣ和迪士尼的董事會成員在代表迪士尼的杜威巴蘭汀（Dewey Ballantine）律師事務所開會。氣氛十分緊張。董事會在討論這樁大型併購案的細節時，桑迪．利特瓦克抱怨說，喬太過強硬會導致談判破裂。麥可．艾斯納一度把湯姆．墨菲拉到一旁，懇求他插手，讓我同意迪士尼提出的這筆交易。隔了一會兒，他自己當面跟我說：「鮑伯，談判這筆價值一百九十五億美元的交易，比你考慮自己的去留要容易得多。拜託你答應好嗎？」

談判的最後癥結是我要向誰彙報的問題。喬希望達成一項正式協議，讓我日後直接向麥可彙報，但麥可拒絕。他想保有任命總裁的自由，總裁一職介於我們兩人之間，他要確定我明白他有權這麼做。儘管我希望聽到他說，我正式擔任他的第二把手（副手），但我還是感激麥可坦誠相告。那天晚上，我終於告訴喬接受對方的提議。我期盼有一天成為執行長（我了解沒有什麼是一定的），但現在不是極力爭取的正確時機。我希望這樁併購案順利進行，我也希望首都城市公司的團隊受到迪士尼公司好好對待。要是沒有我，我相當確定他們被迪士尼收購的方式，可能會令人沮喪。

第二天一早，我們全體在第六十六街的ＡＢＣ總部召開會議。我們打算這樣宣布這樁併購案：先在ＡＢＣ的一個攝影棚（電視台一棚，一九六〇年甘迺迪和尼克森在這裡舉行過辯論〔Kennedy-Nixon debates〕）舉行記者會，然後麥可和湯姆走到隔壁的二棚，接受《早安美國》現場直播的訪問。這真的是突發新聞。ABC新聞沒有人事先被告知交易即將達成。巧合的是，那天威蘿正好替主播瓊安．蘭登代班。跟她一起搭檔的查理．吉布森（Charlie Gibson）注意到隔壁攝影棚的騷動，他問她：「用一到十來評分，你怎麼評比隔壁棚發生的事情？」威蘿當然知道出了什麼事，但她發過誓要保密。她回答說：「查理，我給十二分。」

宣布這樁交易的同時，也一併對外公布我的合約延長五年。我隨即召集所有「首都城市／ABC」公司最高層主管開會。他們沒有人料到會這樣，他們仍舊一臉錯愕。同桌有些人的職業生涯全都貢獻給湯姆和丹恩，他們看著我，問道：「現在發生了什麼事？我們該怎麼辦？」

我盡可能知無不言，言無不盡。迪士尼與我們的企業文化截然不同，但湯姆同意這筆交易，是把整個公司的利益放在心上。然而，這將是一個艱難的過渡時期，也是無法避免的。我想讓其他人明白，我了解這是多麼令人不安。我們過去習慣的企業文化即將告終。迪士尼比我們這家公司更有衝勁、更有創意，更像好萊塢的產物。可是，我有能力讓過渡期變得比較容易度過，而且我想讓他們知道，如果他們需要我的協助，他們可以依靠我。

至於這筆交易本身，很多人對一百九十五億美元的收購金額感到震驚；其他人則認為如果湯姆堅持久一點，可以賣到更高價格。這事沒人說得準。但結果證明，對迪士尼來說這是一筆划算的交易；這點是肯定的。麥可從未因為有勇氣去做這筆交易而得到好評，可是這次的收購是冒了很大的風險，而且在未來幾年獲得回報。當其他娛樂同業痛苦的意識到公司的規模太小，無法在多變的世界中競爭時，迪士尼龐大的規模已經能夠屹立不搖。迪士尼此次收購的資產——尤其是ESPN——帶動接下來幾年迪士尼的營收成長，大大減緩近十年來旗下迪士尼動畫公司一連串票房失利的衝擊。

❀

併購案公布後幾個星期，我搭機飛到科羅拉多州亞斯本（Aspen），和麥可與他的妻子珍（Jane）在斯諾馬斯（Snowmass）的寓所共度週末。映入眼簾的美景令我驚嘆不已。那是建築師兼迪士尼董事會成員鮑勃・史坦恩（Bob Stern）設計的一棟巨型木屋，坐落在一個被亞斯本群峰環繞的山谷裡，處處顯露品味不俗。

儘管迪士尼已經對他們購買的資產進行盡職調查，但他們不可能完全理解即將擁有的這家公司做的生意有多麼複雜。我帶著許多文件夾來到這裡，每個文件夾都詳列首都城市／ABC公司林林總總的業務，包括ABC及其附屬電視台、ESPN、龐大的廣播生意、涵蓋報紙和雜誌的大規模出版事業、其他的有線電視頻道，另有一些小生意。「你的團隊評估的速度很快，」我告訴他，「所以有很多事情你不知道。」

接下來兩天，我向麥可耐心講解公司的方方面面。他可能以為買下的是一家電視公司，但它所做的生意遠比那複雜。從ESPN轉播權合約，到即將到來的ABC和國家美式足球聯盟（NFL）之間的談判，無所不包。我向他詳細介紹我們的廣播業務，從鄉村音樂電台到談話性電台，並提到一位談話性電台節目主持人在廣播中說了一些有爭議和煽動性的話，因而受到處置。另外，芭芭拉．華特絲的合約即將到期，以及管理電視網新聞業務的錯綜複雜等棘手問題。我想讓麥可了解現實狀況，也想讓他知道一切都在我的掌控之中。

麥可顯然忐忑不安。那時他才五十二歲，但一年前做了心臟繞道手術，珍十分注意他的飲食、工作安排和運動習慣。我當時不知道她有多強烈地敦促他改變生活方式，以及這次收購讓她多麼焦慮。她希望他減少工作量，我坐在他們家裡告訴他，「這將是一個比你想像的更沈重負擔，其中某些問題亟待解決，比你所知道的更十萬火急。」

週末結束時，麥可開車載我去機場。途中我們與邁克爾．奧維茨（Michael Ovitz）一家人碰面，他們在附近有間房子，而珍、麥可和奧維茨一家計畫去健行。我不知道他們兩家人關係密切，但那天下午我看到他們之間有一種化學反應。奧維茨最近試圖離開「創新藝人經紀公司」（CAA）。他共同創辦的這家公司變成了世界最有影響力的經紀公司，經營環球影城（Universal Studios）。這還沒有結束，他期待在好萊塢再創自己職業生涯的新篇章。在我前往機場和飛回紐約的途中，我開始明白，麥可可能會考慮讓他坐上迪士尼的第二把交椅。

一週後，我的懷疑得到證實。麥可打電話說：「你的簡報令人吃驚。管理這家新公司肯定不容易。」他表示，珍也很擔心。然後他直接回答了有關奧維茨的問題。「我們達成協議時，保留了在我們之間安插一個人的可能性。」我說，是的，我知道沒有任何保證。「嗯，我想讓你知道我要延攬邁克爾·奧維茨，他將成為你的上司。」奧維茨將成為迪士尼公司的總裁，而不是營運長。根據公司的層級制度，這意味著他是我的上司，但不一定是麥可內定的接班人。我雖然感到一陣失望，但我也很感激麥可在併購談判時，對我直言不諱，現在對我一樣坦率，不虛偽做作，不惺惺作態。當時我已經四十四歲，我還有很多東西要學。無論如何，與他們任何一個人沒有好的開始，並無益處。我想把事情做好。在邁克爾·奧維茨的人事命令宣布後，我對《紐約時報》的一位記者說：「如果麥克（Mike）·艾斯納認為對公司來說，這是做對的事情，那麼我相信他的直覺。」這段話刊登在《紐約時報》上的那天，迪士尼的一位高層主管告訴我，麥可不喜歡被稱為「麥克」。我甚至尚未到任，就開始失言了。

我很快發現，麥可聘用奧維茨這件事，其他人的反應比我更加激烈。我得知，影業集團主席喬·羅斯（Joe Roth）怒氣沖沖，桑迪·利特瓦克與迪士尼財務長史蒂夫·博倫巴赫（Steve Bollenbach）對新的公司組織結構很不滿，因此拒絕向奧維茨彙報。遠在三千英里外的紐約，我都可以感受到迪士尼企業集團（Disney Corporate）的一股怨氣。邁克爾·奧維茨人事案一公布，就引發內部反彈，但我不知道以後會變得多劍拔弩張。

❀

接下來幾個月，我們都在等待監管單位美國聯邦傳播委員會（FCC）的批准，而我每週都會往返洛杉磯，逐漸了解不久將成為我同事的迪士尼行政高層。威蘿和我也很清楚，一旦這樁收購案走完法律程序，我們就沒機會去度蜜月，於是我們訂婚從簡，一九九五年十月初共結連理。

我們在法國南部度蜜月，下榻豪華的費拉角大飯店（Grand-Hotel du Cap-Ferrat）時，收到一個大箱子，裡面裝滿迪士尼商品：成套的米老鼠睡衣、米老鼠新娘和新郎帽以及唐老鴨拖鞋。東西太多了，而且太過誇張，我們根本不知道該如何處理。最後我們決定離開時將這些東西留下，心想也許別人看了會覺得高興，或者小孩看到會喜歡，但直到今天，一想到我們退房之後，那裡的工作人員進到我們房間，看到全套的米老鼠用品的那一幕，我就覺得尷尬。我記得我看著這一切，然後對威蘿說：「我現在為一家截然不同的公司工作。」（事實上，在我為麥可．艾斯納工作的這些年，我很少看到他沒佩戴米奇圖案的領帶，他也鼓勵所有領導高層效法，不過我裝得好像從來沒收到過那個特別的備忘錄。）

還有比這種品牌衣著更顯著的差異。兩家公司運作方式形成的整個企業文化迥然不同。湯姆和丹恩是熱情、平易近人的老闆。如果你遇到難題，他們會向你敞開大門。如果你需要建議，他們會無私地提供意見。身為商人，他們非常關注管理開支和增加獲利，他們身邊的管理人員，只要堅持同樣的原則，就可以永遠為他們工作。他們相信分權化的公司組織結構。如果你堅守你的預算，而且也遵守道德規範，湯姆和丹恩就會給你獨立運作的空間。除了一位財務長和一位法務長外，沒有公司職員，沒有中央集權的官僚體制，對業務單位的干預少之又少。

迪士尼的企業文化恰恰相反。麥可和弗蘭克．威爾斯一開始管理這家公司，就成立一個名為「策略規畫」（Strategic Planning）的中央企業單位，由一群積極進取、受過良好教育的高階主管組成（清一色企業管理碩士〔MBA〕，許多是哈佛和史丹佛大學的高材生）。他們精通分析，善於提供資料和「洞見」，麥可需要這些才會對公司所採取的每一項業務行動感到放心，而他自己則負責所有創意性的決策。他們的權力凌駕在公司其他部門之上，可以對迪士尼各業務部門的所有資深領導人行使權力，而且免受懲罰。

我大約在麥可擔任執行長二十一年任期做了一半的時候來到迪士尼，當時他是美國企業界最著名和最成功的執行長之一，他任內的第一個十年成就非凡；不僅積極擴大迪士尼的主題樂園和度假村，並推出了一個獲利更豐厚的定價策略。他啟動遊輪業務，與其他業務相比，此一區塊業務量相對較小，利潤卻很可觀。從八〇年代末期直到九〇年代初期，迪士尼動畫工作室（Disney Animation）製作了一部又一部叫好又叫座的經典動畫長片：《小美人魚》（*The Little Mermaid*）、《美女與野獸》（*Beauty and the Beast*）、《阿拉丁》（*Aladdin*），以及《獅子王》（*The Lion King*）。這帶動了迪士尼消費產品業務爆炸性成長，其營收主要來自迪士尼商店、產品授權以及所有形式的全球商品分銷。他們在美國推出的迪士尼頻道很快打響名號，負責推出真人電影的華特迪士尼影業集團也發行一系列受到歡迎的商業片。

然而，當我們加入迪士尼時，公司內部開始出現裂痕。弗蘭克·威爾斯死後留下的權力真空，導致麥可和傑弗瑞·卡森伯格激烈爭執。傑弗瑞認為麥可任內頭十年，旗下動畫部門交出漂亮的成績單，自己立下汗馬功勞，他不滿麥可在弗蘭克·威爾斯死後沒有幫他升職。麥可則埋怨傑弗瑞對他施壓。一九九四年，麥可接受心臟繞道手術後不久，逼迫傑弗瑞辭職，這場權力鬥爭鬧得滿城風雨，演變成非常火爆且昂貴的法律大戰。雪上加霜的是，迪士尼的動畫部門開始走下坡。接下來幾年，迪士尼推出許多耗費鉅資的動畫片，票房卻失靈，比如：《大力士》（*Hercules*）、《亞特蘭提斯：失落的帝國》（*Atlantis*）、《金銀島》（*Treasure Planet*）、《幻想曲2000》（*Fantasia 2000*）、《熊的傳說》（*Brother Bear*）、《放牛吃草》（*Home on the Range*）和《四眼天雞》（*Chicken Little*）。其他作品《鐘樓怪人》（*The*

Hunchback of Notre Dame）、《花木蘭》（*Mulan*）、《泰山》（*Tarzan*）、《星際寶貝》（*Lilo and Stitch*）成績還過得去，但沒有一部像前十年在創意或商業上那麼成功。值得稱許的是，麥可思慮周到，在這段時間開始與皮克斯動畫工作室建立關係，世界上最棒的一些動畫電影因而誕生。

從一開始，迪士尼團隊——主要是他們稱為策略規畫的那批人——就利用我們是公司的新成員，占我們便宜。這並不是說他們做的每件事都是不好的，而是他們與我們過去跟湯姆和丹恩工作所習慣的作業方式背道而馳。迪士尼是一家完全集權化、過程導向的公司，我們出於本能，對他們的運作方式感到憤怒。他們沒有過收購大公司的經驗，也沒想過要如何審慎處理。本來可以透過折衝手段協調的分歧，卻動輒頤指氣使或用尖刻的口氣指示辦理。他們的行為彷彿因為我們是被收購的一方，所以就應該臣服。這樣的運作方式讓許多首都城市公司的舊員工水土不服。我的職位夠高，等於有一道護身符，但是我手底下很多人都憂心忡忡。我花了大量時間和精力來安撫他們，並代為排難解紛。

我自己也經過磨合期。收購完成後不久，迪士尼明智地剝離我們整個報紙業務，幾年後報業就崩盤。但我們留下一些雜誌，包括時尚雜誌《W》。在收購案完成後不久，《W》的編輯和出版商跟我提到，少女雜誌《莎西》（*Sassy*）的創辦人、音樂頻道VH-1和MTV的早期撰稿人珍恩．普拉特（Jane Pratt）想要辦一本名為《珍恩》（*Jane*）的「新潮大都會」雜誌。

珍恩走進來提出這個點子，我喜歡這個想法，因為可以和活潑的年輕人連結。我審核了一份我覺得可行的商業計畫，然後批准其團隊執行。沒多久我接到湯姆・史塔格斯（Tom Staggs）的電話。他後來是我的財務長，當時他在策略規畫部門任職。湯姆代表他的上司拉瑞・墨菲（Larry Murphy）聯繫我，拉瑞是整個策略規畫部門的負責人。湯姆很不好意思地告訴我，未經其團隊全面的分析，拉瑞不許迪士尼進行任何業務擴張、投資，或試圖啟動新計畫。分析完畢，他們會向麥可提出建議。

我可以看出湯姆不願意當這個傳話人，所以我客氣地說，他應該告訴拉瑞，我要繼續執行，不需要他的意見。

拉瑞很快打電話過來，他想知道我到底要做什麼。「你要創辦這本雜誌？」

「對。」

「你知道這要花多少錢嗎？」

「知道。」

「你覺得這是個好主意？」

「是的。」

「在迪士尼，我們不是這樣做事的，」他說。

最後，拉瑞允許這項計畫繼續進行。那時我剛加入公司不久，他不願意和我正面發生衝突。但這已經很明顯看得出來，從那一刻起迪士尼不再容許非決策單位擅自行動。

平心而論，這只是一個**小小的**構想，按理說不值得投入這些時間、金錢和精神（我們最終仍將《W》和《珍恩》雜誌賣給了「康泰納仕」〔Condé Nast〕國際期刊出版集團的大家長士毅．紐豪斯〔Si Newhouse〕，而且還賺了一筆）。但是，有方法可以表達出你信任你的員工，但也能讓他們維持創業精神。丹恩．博科早就給我上過一課，他的方式與策略規畫完全背道而馳。我記不得當時我們在討論什麼事情，反正我在考慮某項計畫。某一次對話，丹恩遞給我一張紙條，上面寫著：「千萬不要涉足伸縮喇叭拉管潤滑油（trombone oil）製造業。你也許會成為世界上最大的伸縮喇叭拉管潤滑油製造商，但到頭來，那一種油，全世界每年也只會消耗幾夸脫而已！」他是在告訴我，不要投資那些會耗損公司的資源和我的精力但報酬率不高的案子。然而，這正是傳授這類智慧雋語的正面方式，我的桌子裡還留有那張紙條，當我與迪士尼高層主管討論要推進什麼案子，他們要把心力用在何處時，偶爾會把它拿出來。

❀

我一面適應迪士尼的新企業文化，一面看著我的新上司邁克爾．奧維茨和麥可．艾斯納兩人的關係破裂。親眼目睹他們兩人鬧翻實在很難受，而且這一幕是在公司眾目睽睽之下上演。

邁克爾．奧維茨於一九九五年十月正式上任，從一開始就可明顯看出，他是錯誤的時間、放在錯誤地方的錯誤的人。他離開CAA，爭奪環球影城經營權也失利。你可以感覺到，對他來說，留在好萊塢金字塔最頂端有多重要，艾斯納邀請他擔任迪士尼的第二把手，等於拋給他一個救生圈。

但是經紀公司的決策過程，與大企業尤其是迪士尼這樣組織結構高度集權的公司截然不同。奧維茨到任後沒有善盡公司第二號人物的職責，協助麥可經營繁複的業務，而是出了一大堆主意，其中大部分與他有交情的巨星名流有關。身為私人經紀公司CAA的共同創始人，他習慣提出很多構想，立刻交付執行。他以為在這裡也能如法炮製。他是典型的經紀人，接待客戶習以為常，他經常放下手邊的所有事情，就為了有空檔服務客戶。這些習慣在迪士尼行不通。他想要與湯姆．克蘭西（Tom Clancy）、魔術強森（Magic Johnson）、馬丁．史柯西斯（Martin Scorsese）和珍娜．傑克森（Janet Jackson）（還有很多人）合作，主動提供一紙涵蓋迪士尼各業務的綜合性合約。他不斷向這些人宣傳迪士尼可以為他們做什麼。在記者會上，這樣的交易聽起來不錯，但執行起來往往吃力不討好。這些大人物需要一位高級主管來負責，投入必要的時間和精力來照看合約中的每項業務和每項計畫。他們還要告知經紀公司，以便取得全權委託。然而在迪士尼這個各類預算每個項目都得經過嚴格審核的地方，這可能是一場災難。

我當時在紐約工作，每週搭機飛往洛杉磯參加麥可・艾斯納的工作人員午餐會，讓我親眼目睹整個慘況。奧維茨滔滔不絕地講他的構想，明眼人一看都知道麥可・艾斯納沒興趣。然後麥可會盡責地了解我們的業務最新狀況和策略，覺得不受尊重的奧維茨不肯罷休，嚷嚷他沒興趣。整個團隊在一次又一次的會議中看到這種場面。單單肢體語言就讓人暗暗叫苦，坐立不安的感覺開始影響整個管理高層。公司最頂端的兩個人關係失調的時候，他們底下的部門不可能正常運作。就像父母老是吵架，孩子們感覺到外界的氣氛是緊張的，在耳濡目染的情況下，有樣學樣。

我自始至終都對奧維茨保持禮貌，也尊重他是我的直屬長官。我試圖讓他了解部屬向我報告的業務，經常給他做簡報，協助他進入情況，掌握電視收視率或ESPN轉播協議或經紀合約諸多細節，但是每次他都態度輕蔑，不然就是被電話干擾。有一次，他在我辦公室裡接到柯林頓總統（Bill Clinton）的電話，他們兩人談了四十五分鐘，而我就坐在外面。湯姆・克魯斯（Tom Cruise）打來的電話打斷了另一次會談。馬丁・史柯西斯結束了一場才開始沒幾分鐘的會議。會議一次又一次被取消、改期或縮短，很快地迪士尼的每位高層主管都背地裡竊竊私語，說他真是場災難。管理自己的時間，並尊重他人的時間，是經理人必備的工作態度，這一點他做得糟透了。

奧維茨的想法不被採納，基本上他已經遭到麥可．艾斯納冷凍，被排除在公司重大決策之外，為此感到氣憤和尷尬。不過，即使他獲得授權可以真正扮演自己的角色，我認為他在迪士尼仍然會失敗，因為他根本不適合企業文化。在開會之前，我會給他一堆資料，第二天他進辦公室，沒看過其中任何一份，只丟下一句話：「把事實告訴我」，然後迅速發表意見。可別以為他已經消化了所有資訊，行事果斷。情況恰恰相反。他在掩飾自己沒有做好準備，在迪士尼這樣的公司，如果你不做功課，周圍的人立刻會察覺到，他們對你的尊重就會消失。你必須細心周到。你經常得參加會議，如果可以選擇的話，你可能會選擇不參加。你必須學習和吸收。你必須仔細聽完別人的問題，協助找到解決辦法。這是出色經理人該做的。問題是，邁克爾．奧維茨不是經理人，他仍然是經紀人。他比任何人都要了解好萊塢的經紀行業，但我們做的不是那一行。

❀

一九九六年四月，麥可．艾斯納到紐約我的辦公室來找我。他走進來關上門說：「我知道這裡不適合邁克爾。雇用他是一場災難。」他知道其他高層主管，比如迪士尼影業集團主席喬·羅斯，都嚷嚷要辭職，因為他們非常沮喪。他懇求我不要掛冠求去。我沒打算辭職。我雖然不喜歡目前的狀況——在迪士尼的頭六個月是我職業生涯中最令人氣餒、最沒生產力的一段日子——但我對這家公司還不熟悉，而且因為我在紐約工作，所以沒有像其他人那般痛苦。我認為麥可已經傷透腦筋了，我不想再增加他的壓力。

「我不知道我會什麼時候動手，」麥可對我說。「但我要解雇他。」他要求我不能透露半點口風，我保證守口如瓶。我不知道他還跟誰講過這件事，但我預料麥可在那次討論之後的幾週內會對奧維茨開口。結果拖了幾個月，緊張情勢加劇和組織功能失調變得更嚴重。每個人——他們兩個人，所有的領導高層，為奧維茨工作的全體員工——都怨聲載道。止血的時候到了。

終於，在十二月，也就是麥可·艾斯納透露他要採取行動的八個多月後，解雇了邁克爾·奧維茨，結束了迪士尼史上痛苦的一頁（不過，奧維茨領走一億多美元遣散費，股東提起告訴，所以他造成的痛苦，仍舊以股東訴訟的形式持續著）。我現在與邁克爾·奧維茨關係融洽。在我擔任執行長期間，他不吝於讚揚迪士尼的成功。我回憶過往，覺得他不是壞人，而是一個巨大錯誤的參與者。文化的轉變對他來說實在太大了。

他和麥可都希望事情能夠成功，各自都有充分的理由。麥可希望奧維茨進入迪士尼，知道如何勝任愉快，可是奧維茨不知道需要怎麼自我調整，才能融入一家大型上市公司的企業文化大展身手。

他們兩人本來應該都知道這件事情行不通，但卻刻意避免碰觸那些棘手問題，因為兩人都被自己的需求蒙蔽了雙眼。這是一件很難處理的事情，尤其是在當下。但當你發現自己希望某件事情能成功，對於要**如何**做到卻無法提出令自己信服的解釋——這時，就該有所警覺，你應該認真釐清一些問題。我需要解決的問題是什麼？這個解決方案合理嗎？如果我有疑慮，為什麼？我這樣做是有充分的理由，或者只是個人的一廂情願？

第5章
第二順位

接下來三年，麥可・艾斯納經營著這家沒有二號人物的公司。奧維茨離開後，我們的關係越來越緊密，但也不時感覺到麥可存有戒心，他覺得我對他的職位虎視眈眈，可能永遠無法推心置腹地信任我。這導致他對我的態度若即若離。麥可有時候讓我參與決策，向我傾吐心聲，可是突然又變得冷淡，跟我保持距離。

的確，我之所以在收購案後留下來，有一部分原因是我認為有一天我可能有機會執掌這家公司，但這並不意味著我想謀權篡位，而是意味著我會竭盡所能做好手頭的工作，並盡可能對公司有通盤了解。就像我整個職業生涯中的情況，如果麥可打算要下台，我想在這個機會來臨的時候做好準備。

多年來，我一直被問到要如何培養企圖心——無論是自己的，還是你管理的人。作為領導者，你應該希望周圍的人渴望有勇氣承擔更多責任，只要他們對未來工作的夢想，不會分散他們對現有工作的注意力。你不能好高騖遠。我見過很多人立定志向，追求某個職務，或完成某項計畫，但實際上實現的機會非常渺茫。他們一心嚮往可遇而不可求的高遠目標，會變成一件麻煩事。他們對現狀會越來越感到不耐煩。他們把一門心思放在其他事情，以致未在工作中盡到該盡的本分，因此企圖心產生了反效果。所以要緊的是知道如何找到平衡點——把手頭的工作做好；耐心等待；找機會表現；態度積極、幹勁十足以及保持專注，一旦機會出現，讓老闆覺得非你莫屬。反之，如果你是老闆，你想要栽培的對象不是一味要求升職、抱怨自己大才小用的人，而是日復一日證明自己是無可取代的人。

就很多事情來說，湯姆和丹恩在這方面都是完美的典範。他們栽培我，表達出他們多麼希望我成功的心意，為我開了一條路，讓我學習歷練，承蒙他們的提拔，我最終經營整個公司。在每個階段，我都努力工作，盡力吸收，我知道如果我不負所託，他們會有更大的計畫。因此，我對他們極為忠誠。

不過，公司的執行長和接班人之間的互動往往令人憂心。我們都想相信自己是無可替代的。所以解決這個問題的訣竅是，你要有足夠的自覺，不要堅持自己是唯一能夠勝任這項工作的人。本質上，好的領導者要做的不是讓自己不可或缺，而是要協助其他人準備日後可能接替你的位置——讓他們參與你自己的決策，找出他們所需要培養的技能，幫助他們進步。

此外，就像我有時候不得不開誠布公，直言他們還沒有做好升職的準備，告訴他們原因何在。

麥可和我的關係說起來很複雜。有時候，我覺得他在質疑我的能力；有時候，他又豁達大度，激勵我，依賴我分擔工作。我們之間的最佳狀態發生在一九九八年年底，麥可來到我在紐約的辦公室，告訴我他想讓我創立並管理一個新的國際部。當時我擔任ABC集團的董事長，也就是掌管ABC電視網和ESPN，以及所有的迪士尼電視節目。現在除了這些之外，他又交給我一個艱巨的任務，但我渴望去完成，也對麥可求助於我心存感激。

當時的迪士尼組織管理出奇的狹隘。我們的辦事處遍布世界各地，從拉丁美洲、印度到日本都有，但我們沒有一個清晰的全球戰略，甚至沒有一個合理的架構。例如，在日本，我們在東京某地有一家製片廠，在另一處有消費產品業務，在別處有電視台業務，彼此互不聯繫。像會計或電腦中心這樣的後勤辦公室之間沒有任何協調。這種組織功能疊床架屋的情形無處不在。更重要的是，不管任何領域，當地都沒有人員負責管理我們的品牌，和尋找獨特的機會。全都是非常被動的，以迪士尼總部伯班克為中心（Burbank-centric）的做法。

麥可發現這個問題，知道需要改變。他很清楚我們必須走向國際化。幾年前，他決心在中國建設一個主題樂園。麥可執掌迪士尼的第一個十年，公司的第二號人物弗蘭克．威爾斯在九〇年代初期曾向中國官員提出一些建議，但一直沒有太多進展。然而，從初期的會議中，中國察覺我們有興趣在當地蓋一座樂園，他們最近暗示，樂見其成。

迪士尼公司裡擁有國際經驗的高層主管寥寥可數，我是其中之一。我在這方面的經驗可追溯到我在ＡＢＣ體育和《體育大世界》節目工作時期，我是唯一一個了解中國的人。在被迪士尼收購之前，我已經在那裡成功播出一些ＡＢＣ兒童節目。所以麥可讓我擔任華特迪士尼國際部總裁，他不僅指派我制定一項國際策略，還要求我在中國尋找設立主題樂園的地點。

我們針對地點做了初步討論，綜合考慮天氣、人口、可用土地等因素，我們很快得出結論，上海是唯一可以落腳的地點。一九九八年十月，威蘿懷孕進入第九個月，那是我們的第一個孩子。當時我第一次為了迪士尼到上海出差，被帶著四處參觀，去看了三塊地。「你可以選擇任何一塊，」中國官員說，「但你要迅速做出決定。」

我們選定上海市郊浦東。不過我們第一次參觀時，那裡只是一個正在崛起的市郊小農村，很難想像當地矗立一座設施完善的迪士尼樂園，迪士尼城堡坐落其間的景象。眼前的村子運河星羅棋布，小孩嬉戲，流浪狗四處遊蕩。看似要塌的房屋，零零落落的普通商店，點綴著小菜園。自行車的數量遠遠超過汽車，放眼望去看不到現代社會的蹤影。然而，上海國際機場即將開放，而且上海將成為世界上最大、最具活力的城市之一，這裡的地理位置正好處於機場和上海「市中心」之間。於是從此展開一段長達十八年的旅程，這讓我回到那個地方四十多次。

同時，在我負責的其他領域方面，ABC開始走下坡，進入長期下滑的初期。我當年經營黃金時段所開發的熱門節目已經過時，而且我們在企畫新節目時，變得自滿和缺乏想像力。《紐約重案組》收視率仍然排在前二十名，我們一些別的節目——《居家裝飾》（*Home Improvement*）和《德魯．凱瑞即興秀》（*The Drew Carey Show*）——也很成功。但是除了歷久不衰的《週一美式足球夜》，其他節目大都表現平平。

我們曾經在一九九九年短暫得救，那一年我們推出《超級大富翁》（*Who Wants to Be a Millionaire*）。我們最初拒絕這個節目，後來創作者請來雷吉斯．費爾賓（Regis Philbin）擔任主持人，才讓我們回心轉意。結果這是天賜的禮物，後來變成了我們依靠的支柱。這個節目第一次播出的時候，創下驚人的收視佳績，不僅刷新遊戲節目的紀錄，也秒殺任何節目。在第一季，每週播出三個晚上，每晚吸引大約三千萬人收看，這對當時的電視網來說，幾乎是無法想像的事。這個節目在一九九九到二〇〇〇年那一季坐上收視冠軍寶座，成為ABC的救星，但這不能完全掩蓋我們更深層的問題。

那一年還有另外一個亮點。一九九八年中，我開始認真思考如何應對即將到來的千禧年（二〇〇〇年）報導。我強烈地感覺，世界各地的民眾都會對這個時刻著迷，由ABC新聞領軍，整家公司應該集中注意力和資源報導這個議題。我提早在十八個月前，召集了新聞部、娛樂部和體育部的高級主管開會，告訴他們我的構想——全球各地陸續迎來跨年夜，每個時區都在慶祝跨入新的千禧年，我們將提供二十四小時全天候千禧跨年報導。我記得曾滿腔熱血地說，我們應該「擁抱這件大事」，然後看著魯恩靜靜地坐在桌子的對面，面無表情。他顯然討厭這個主意。會議結束了，我把他拉到一旁。「你覺得我瘋了嗎？」我問道。

「我們要怎麼樣讓跨年節目連續播出二十四小時看起來很有趣？」他回答。

我可以用很多種方式來回答（這實際上是一個有趣的挑戰），但魯恩的語氣和肢體語言告訴我，他的問題不在於視覺效果。問題在於他被要求執行的偉大想法不是他的點子，以前魯恩說「跳」的時候，對面的這個人通常會說：「跳多高？」

一九九三年湯姆和丹恩讓我擔任ABC總裁，從此之後我就是魯恩的上司。那些年我們合作愉快。我升到公司的最高職位，他引以為榮，但他仍然認為我是他的替身——他帶我入行，我是他在管理部門的盟友，會保護他不受公司的干涉，讓他做自己想做的事。我並不像他想要相信的那樣盲目地忠誠，但是他這麼想也沒有什麼壞處，我真的沒有理由去點醒他。畢竟在他的自我感受不到什麼威脅的時候，他才處於最佳狀態。

可是我也需要他來執行我交辦的任務。要說服別人支持你，爭取他們熱情參與，是一件棘手的事情。有時候，與意見不同的人溝通，耐心消除他們的疑慮是值得的。其他時候，你只需要傳達你是上司，希望對方辦好這件事。這兩種做法沒有好壞之分，只是其中有一種較為直接，而且沒有商榷的餘地。這真的取決於你認為當下怎麼做才是對的——民主的溝通方式有助於取得最好的結果和鼓舞士氣，抑或你對自己的看法有足夠的把握，願意當一個獨排眾議的獨裁者。

既然如此，我絕對相信我是對的，我不會讓任何人勸阻我，即使是自負的魯恩．阿利奇。當然，他可以敷衍了事，並把這種態度傳達給他的團隊，輕易地搞破壞。魯恩跟我多年來共事過或談判過的許多人一樣，如果魯恩覺得自己被硬逼，他不會心甘情願。所以我訴諸「柔性專制」（soft autocracy），既表示尊重，同時也傳達這件事非做不可。

「魯恩，」我說，「如果有任何構想，會讓大家以為那是你的主意，非此莫屬。這項計畫宏偉又大膽。可能沒辦法執行，但天底下哪有什麼事情難得倒你？」

我不太確定他是不喜歡這個構想，還是在那個時候，他只是覺得自己沒有足夠的精力去製作這樣大型的節目。但我知道他不可能逃避挑戰，所以我利用他的傲氣讓他同意加入。他什麼話也沒說，但面帶微笑點了點頭，彷彿在說「**沒問題，我知道了**」。

最後，我們創造了一個偉大的成就。魯恩的團隊花了幾個月的準備工夫，終於大功告成。最後，如同以前無數次，他來到現場，把整個工程搬到另一個地方。彼得．詹寧斯在時代廣場（Times Square）主播我們的千禧年報導。萬那杜（Vanuatu）地處全球第一個歡喜迎接二〇〇〇年新的千禧年到來的時區，當這個國家午夜十二點鐘聲響起的時候，我們就在現場。接下來二十四個小時，我們從中國、巴黎、里約熱內盧、迪士尼世界和時代廣場，最後在洛杉磯直播結束。彼得的表現非常精彩，他穿著燕尾服坐在攝影棚內，俯瞰著下面成千上萬狂歡人群，帶領觀眾和世界各地的民眾一起體驗千禧跨年。在我們的有生之年，再也見不到這樣的情景。沒有一家電視網像我們那樣投入那麼多的資源，也沒有一家電視網吸引那麼多的觀眾收看。

那一天，我去了攝影棚好幾次。顯而易見，在轉播的初期，就可以預見我們會非常成功。一天下來，你可以感受到棚內的興奮。對我來說，最滿意的時刻是看著魯恩指揮若定，向現場的工作團隊發出指令，透過耳機告訴彼得在報導中加入一段故事情節，以及要求變換不同的攝影角度，和預期轉場。二十五年前我在麥迪遜廣場花園舉辦的法蘭克·辛納屈演唱會，初次見到這位指揮大師的風采，令人驚豔，現在的他依舊寶刀未老。

大約二十小時後，我在控制室遇見了他。他開心的笑，熱情的握住我的手良久。他為自己感到驕傲，也為我感到驕傲。他很感激我給了他這個機會。那時他已經年近七旬，這是他一生中可以大展身手的最後一場盛大活動。

兩年後，魯恩長期與癌症搏鬥，終於不敵病魔辭世。他去世的前一週，我在紐約過感恩節週末，那個週六晚上我在家裡看ＡＢＣ轉播南加州大學對上聖母大學的美式足球比賽。我的電話在晚上十點響起，當我接起電話時，ＡＢＣ接線生說：「艾格先生，魯恩・阿利奇正在找你。」如果你有某人的電話號碼，而且情況緊急，你可以打電話給ＡＢＣ總機，總機會轉接給你要找的人。魯恩有總機號碼，他有急事。於是接線生接通我們的電話。

「魯恩？」

「鮑伯，你在看電視嗎？」

「美式足球比賽？」

「是的，足球比賽！你注意到畫面完全沒有聲音嗎？」

這些播音員不知道在講什麼，他說。滿口胡說八道。我曉得最近魯恩的病情惡化，已經住院接受治療。我知道他一定是產生幻覺，而某種存在已久、強烈的責任感突然爆發。魯恩直說電視轉播出了問題，我必須想辦法處理。

「讓我查查，魯恩，」我說。「我再回你電話。」

我打電話給控制室，詢問是否有人對於音訊有任何抱怨。「沒有，鮑伯。什麼都沒有。」

這是我從ＡＢＣ位於紐約的主控中心所得到的答覆。

「你能打電話給總機，看看他們有沒有聽到些什麼？」

過了一會兒，我收到回覆：「沒有。什麼都沒有。」

我打電話給魯恩。「我剛才和控制室確認過。他們確定沒出問題。」他還沒來得及思考如何回答，我就問他：「魯恩，你好嗎？」

他的聲音很微弱。「我在斯隆凱特林醫院（Sloan Kettering Hospital），」他說。「你覺得我好不好？」

我問道，他的病情是否允許訪客探病。第二天我前去探望。走進病房，他躺在床上，我一看到他就知道他時日不多了。電視螢幕正在轉播一場花式滑冰比賽，他聚精會神地觀看。我走過去，站在他旁邊。他抬頭看我，然後再看螢幕上的滑冰選手。他說：「這和以前不一樣了，」他說。「是不是？」

我不知道他是否回想起那段我們想去哪裡就去哪裡，愛做什麼就做什麼，沒有高級主管訓斥他太過揮霍的日子，抑或懷念當年他是電視台控制室的一則傳奇，沒有人敢質疑他的權威。也許他想的是更深層的存在意義。這一行變得不適合他。世界已經改變。他來日無多。我低頭看著纏綿病榻的他，我知道這是我見他的最後一面。「是的，魯恩，」我說。「時代不同了。」

❀

千禧年報導這個亮點出現之後，ABC的運勢開始走下坡。《超級大富翁》在二〇〇〇至二〇〇一年仍然很受歡迎，但不像前一季那麼熱門。我們可以看到收益逐漸減少，而開發中的節目也不理想。我們沒有進行大刀闊斧的改革來振興ABC娛樂，而是更加依賴這個節目，企圖力挽狂瀾。我們採取每週播五次《超級大富翁》的方式與NBC拚戰。NBC靠著週四晚上的招牌節目《必看電視》（*Must See TV*）風生水起，CBS憑藉《我要活下去》（*Survivor*）和《CSI犯罪現場》（*CSI*）兩部電視劇也重新站穩腳跟。

短短幾年，我們的收視率從電視網「三巨頭」的第一名跌到最後一名，而且福斯持續壯大，我們幾乎連第三名都保不住。我要對收視不振負起部分責任。我身為ABC掌門人，而且我拍板讓《超級大富翁》一週播出好幾個晚上。這是暫時解決ABC問題的權宜之計，可是當《超級大富翁》也開始欲振乏力時，我們更深層的問題就赤裸裸地暴露出來。

到一九九九年底，麥可一肩扛起經營公司的重擔已經壓得他喘不過氣來。他變得越來越孤立和沒安全感，越來越不信任身邊的人，而且諸多挑剔。他知道自己需要有人分擔，同時他感到董事會向他施壓，暗示他在擔任最高職位十六年後，應該開始考慮接班人選問題。對他來說，這不是一件容易的事。聘用奧維茨結果搞得灰頭土臉之後，麥可對於任命第二把交椅戒慎恐懼。他意識到，他無法保持現狀，可是他不想處理責任分工和共同決策的複雜問題，也不希望其他人參與他的各種活動。

麥可不願意指名由誰擔任公司的第二把交椅，這讓公司上上下下都受到影響。很明顯，他需要別人協助，但由於他未填補二號人物的空缺，其他人就自動對號入座，試圖卡位。我們的法務長桑迪．利特瓦克晉升為副董事長，他開始自以為是實質的營運長。現在由彼得．墨菲（Peter Murphy）（和他的前任拉瑞．墨菲沒有關係）帶領的策略規畫部門，則更積極參與日常決策的制定，而不是思考長期戰略。權力卡位戰，以及分際和職責的模糊，嚴重打擊公司員工的士氣。

好幾個月，麥可對我忽冷忽熱。他一下依賴我，讓我以為他升我當營運長只是時間問題，一下又和我保持距離，讓我重新對未來充滿不確定感。一九九九年八月，我史無前例的休了兩週的假，偕同威蘿和我們快兩歲大的兒子麥克斯（Max），在瑪莎葡萄園（Martha's Vineyard）租的一間房子共度假期。湯姆．墨菲在我們度假的第一天晚上打電話給我。前一天晚上，他在洛杉磯與麥可以及其他幾位迪士尼董事會成員聚餐，討論到接班的問題。席間麥可說，我永遠不會成為他的接班人。湯姆「嚇了一跳」，他是這麼對我說的，尤其是因為幾年前在併購談判期間，他勸我留下來。「小老弟，」如今他說，「我不想告訴你壞消息，但是你得離開迪士尼。麥可不相信你，他告訴董事會你不能接替他。你得辭職。」

我的心如刀割。這些年來，我隱忍不得不跟邁克爾．奧維茨彙報的沮喪和干擾。我盡心竭力地協助ABC融入迪士尼，確保我們的老員工受到重視和尊重，同時協助推動迪士尼方面從來沒有徹底思考過的同化過程。我為公司設計並實施了一套完整的國際架構，一年多來經常出差，一次又一次地離開我的家人。這一路走來，我一直是麥可的捍衛者，對他忠心耿耿。如今事隔二十五年，我又聽到同一句話。我的第一個上司曾經在一九七五年對我說過——「我休想升職」。

我告訴湯姆，我不會辭職。我應該在年底領到一筆獎金，我不會就此罷休。如果麥可要解雇我，我非要聽到他親口跟我說。我掛上電話，強自鎮定。我決定在度假時，不告訴威蘿這個消息。她當時是美國有線電視新聞網（CNN）的知名主播，同時主持長達一小時的財經新聞節目《金錢線上》（*Moneyline*）。她的事業蒸蒸日上，但新聞工作是高壓的行業，除了職場上專業的要求之外，我不知道她怎麼擠出時間和精力照顧麥克斯，當一個稱職的母親。她需要稍作喘息，所以我默默承受這一切，直到我們回到紐約的家。

然後我靜靜等待最後結果。九月，麥可要求見我，我前往位於伯班克的總部。我確信一切就結束了。我把心一橫，走進他的辦公室，準備迎接即將到來的打擊。我坐在他對面等待。「你覺得你準備好永久搬到洛杉磯，來幫我打理公司了嗎？」他問道。

我思索片刻才理解他的話。我先是感到一陣困惑，然後如釋重負，接著我不確定是不是可以相信我耳朵聽到的事情。我終於說出口：「麥可，你知道你對待我的態度有多麼反覆無常嗎？」他現在是在要求我舉家遷居到加州，也希望威蘿放棄一份大好的工作，可是四週前，他才昭告全桌的人，我永遠不會成為他的接班人。我說：「你必須直截了當跟我說，到底是怎麼回事。」

他的反應比我預期的要坦率。他說，他不確定我是否想回到洛杉磯，所以這是他擔心的一個問題。然而最大的問題是，他若提名我擔任營運長，他說，這無異於「搬石頭砸自己的腳」。我猜他的意思是假如董事會想撤換他，可能會找上我，但我從未真正確定他話中含義。

「麥可，」我說，「我不打算搶你的工作，或做出任何有損你地位的事情。」我告訴他，我雖然期盼有朝一日有機會管理這家公司，但我不認為這件事會在不久的將來發生。「我從未想過你會離開，」我說，「而且我無法想像董事會想要你離職。」的確如此，我無法想像那樣的情況。我們當時雖然不是一帆風順，但是麥可周圍的人並沒有對他產生信心危機。他仍然是全世界最受敬重的執行長之一。

這次面談沒有結論。麥可沒有明講要給我頭銜。他也沒有推動任何正式計畫。我回到紐約等待下文，但是直到一個月後才有動靜。我們連袂出席《獅子王》舞台劇的倫敦首映會的時候，麥可建議我和他一起搭機回洛杉磯，討論我的未來發展。但是，我已經安排好從倫敦飛往中國，所以我們同意數週後在洛杉磯見面敲定細節。

十二月初，麥可終於提議讓我擔任總裁兼營運長和迪士尼董事會成員。這是不容否認的信任票，鑑於幾個月前與湯姆的那段談話，這樣的結果令人震驚。

我獨自與桑迪・利特瓦克迅速談判一項協議。他除了扮演準營運長的角色之外，依然是我們的法務長。桑迪不滿我晉升後職位比他高。在宣布人事命令的前一天，他打電話給我，希望修改協議。他表示，我的新職是執行副總裁，不是總裁兼營運長，而且董事會席位被取消。我堅持，總裁、營運長、董事三者缺一不可，不然就拉倒。一個小時後，他打電話給我，確認我身兼三職，第二天這項人事命令公布。

就職業生涯來說，這是一個千載難逢的機會。沒有人能保證我有一天會成為執行長，但至少我有機會證明自己。就個人而言，這又是艱難的一步。那時我的雙親已經高齡年近八旬，比以往更需要協助。我的兩個女兒一個二十一歲，一個十八歲，我不想住在美國的另一端，跟她們分隔兩地。CNN同意讓威蘿在洛杉磯主持她的節目，聚焦科技和娛樂產業，但這是吃力不討好的差事。威蘿一如既往全力支持我，但我心裡明白，事隔十年，我現在又為了成就自己的事業，必須搬到洛杉磯，便要求妻子在職涯做出某種犧牲。

我無法預料一百萬年以後世界會變成什麼模樣——無論是對迪士尼、對麥可、對我，皆是如此。然而人生中的情況往往是我一直努力奮鬥，終於目標實現。現在艱難的時期即將開始。

第6章
好事會發生

我常說，麥可重建了華特的公司。一九八四年他接掌迪士尼時，迪士尼輝煌的歲月已是遙遠的記憶。自華特一九六六年去世後，公司就一直在掙扎圖存。華特迪士尼動畫工作室（Walt Disney Studios and Animation）的狀況很糟。迪士尼樂園和華特迪士尼世界仍很受歡迎，公司的收入有近四分之三要靠它們。麥可到來之前的兩年內，迪士尼的淨利下降了二五%。一九八三年，企業併購客索爾・斯坦伯格（Saul Steinberg）試圖收購迪士尼，這是當時迪士尼勉強撐過的一系列收購嘗試中，最新的一次。

次年，華特的姪子洛伊・迪士尼（Roy Disney）和迪士尼最大的股東席德・巴斯（Sid Bass）延攬麥可・艾斯納出任執行長兼董事長，總裁則由弗蘭克・威爾斯擔任，希望扭轉公司的命運並維持其獨立地位。（麥可曾執掌過派拉蒙

〔Paramount〕，弗蘭克過去是華納兄弟〔Warner Bros.〕的主管。）他們後來又聘用麥可在派拉蒙的下屬傑弗瑞・卡森伯格，負責執掌迪士尼動畫。傑弗瑞和麥可共同振興了迪士尼動畫，從而恢復了品牌的知名度，帶來消費性產品的巨額增長。他們也對迪士尼擁有的正金石影業（Touchstone Films）投注更多關注和資源，該公司隨後推出了《家有惡夫》（*Ruthless People*）、《麻雀變鳳凰》（*Pretty Woman*）等幾部賣座的普級電影。

不過，麥可最英明的一點，應該是他了解到迪士尼坐擁金山而不知運用。其中之一是那些備受歡迎的遊樂場。他們就算將門票調高一點點，也能增加可觀的收入，且不致對訪客人數造成明顯影響。在華特迪士尼世界興建新飯店，是另一項未被開發的商機，在麥可擔任執行長頭十年，那裡冒出許多家飯店。而在佛羅里達州的米高梅好萊塢影城（MGM-Hollywood Studios，如今叫好萊塢影城〔Hollywood Studios〕）以及巴黎市郊的歐洲迪士尼樂園（Euro Disney，現稱巴黎迪士尼樂園〔Disneyland Paris〕）開幕，主題遊樂園的業務隨之擴大。

迪士尼的智慧財產寶庫——那些偉大的經典電影，更是前途光明，等著被拿出來賣錢。迪士尼開始銷售經典影片的錄影帶，給那些年輕時曾在電影院看過這些片子、如今為人父母者，讓他們在家播放給孩子看。這成了一項十億美元的生意。一九九五年迪士尼買下首都城市／ABC，擁有了一個大型電視聯播網，更重要的是，它當時還取得了ESPN及其近億訂戶。這一切說明麥可是一位極具創意的思想家和生意人，他把迪士尼變成當代娛樂產業的巨頭。

麥可派我擔任副手後，我們分攤責任。他主要負責監督迪士尼動畫及遊樂場和度假區業務，我則專注媒體網絡、消費商品和華特迪士尼國際。除了動畫這部分麥可沒讓我插手，他大部分的想法和決策都讓我參與。不誇張地說，他讓我學會用過去未曾想過的方式看事情。我對打造和經營一家主題樂園的創意流程毫無經驗，也從未花時間形象地去想像一個遊客的經歷。麥可以一位設計師的眼光走遍了迪士尼世界，他並非天生的導師，但跟在他身邊並觀察他工作，感覺就像學徒。

在我擔任麥可的副手期間，我們在佛羅里達的迪士尼動物王國（Disney's Animal Kingdom）以及香港迪士尼樂園和加州安那翰市的迪士尼加州冒險樂園（California Adventure）陸續揭幕。這些樂園啟用前，我陪著他走了無數英里路，也去了舊有的樂園，了解他所看到的以及他不斷尋求想改進的有哪些。他會沿著一條小路走下去，瞧向遠處，並立即找出一些小細節，好比美化得不夠蒼翠的景觀，占用重要視野的圍牆，感覺多餘或過時的建築物。

對我來說這些都是很棒的教學時刻。我學到很多管理業務的知識，更重要的是，我學到了我們遊樂園所應具備的創意和設計精髓。

麥可還讓我陪他多次造訪華特迪士尼幻想工程（Walt Disney Imagineering），該部門位在加州格倫代爾（Glendale）廣闊的園區內，離我們在伯班克的動畫工作室僅幾英里。許多書籍和文章介紹過幻想工程，我對它最簡單的描述是，我們製作的所有事物，創造和技術核心就是它，而不是一部電影、一齣電視節目或一件商品。我們所有的主題樂園、度假區、景點、遊輪和房地產開發案，所有現場表演、燈光秀和遊行，從演員的服裝設計到城堡建築的每個細節，都源於幻想工程。迪士尼幻想工程師們的創造力和技術才華已無法用言詞形容。他們是藝術家、工程師、建築師和技術專家，他們所占一席之地和扮演的角色，是世界其他地方都找不到的。

直到今天，我仍一次又一次折服於他們想像出來的奇幻事物，以及將這些規模往往十分巨大的事物變為現實的能力。當我隨麥可一起走訪幻想工程時，我觀察到他會對各種大小項目提出批評，從詳細介紹一處景點經歷的故事腳本，到即將建造遊輪上的特別艙設計，無所不包。他會聆聽有關即將登場的遊行安排報告，或檢討新飯店大廳的設計。在我受教過程中，令我印象深刻且非常有價值的一點是，他能同時看到全局，又能看到微小的細節，以及細節之間如何互相影響。

接下來幾年，麥可受到越來越多指手畫腳，他常被批評是患有強迫症的完美主義者和微觀管理者。就他而言，他會說：「微觀管理被低估了。」我同意他的觀點，但只到某種程度。

多虧在魯恩·阿利奇手下工作多年，我當然曉得某些事情的成敗往往取決於細節。麥可經常看到別人沒看到的事物，並要求將它們做得更好。他和公司的成功大都源自於此，而我對麥可醉心於細節的偏好深感佩服。這顯示他關注的程度，也帶來不同的結果。他深知「偉大」常是很小的事物集合而成，他也讓我更深切了解到這一點。

麥可為他的微觀管理感到自豪，但在表達自己的驕傲以及提醒人們他所關注的細節時，常給人小裡小氣和心胸狹隘的印象。我有一次看見他在飯店大廳接受採訪，他告訴記者：「你看見那些燈嗎？是我選的。」這對一位執行長來說，還真是難看。（我承認，我曾發現自己，或被人逮到，也有同樣的毛病。澤妮亞·穆哈曾用只有她可以別人不行的方式對我說：「鮑伯，你知道是你做的，但不需要讓全世界知道，所以閉嘴！」）

二〇〇一年初，所有媒體和娛樂公司都感覺得到腳底下的地面在移動，但沒人知道該往哪個方向跑。科技變化速度太快，其破壞性影響變得更明顯也更令人焦慮。那年三月，蘋果公司發表了「攫取。混合。燒錄。」（Rip. Mix. Burn.）宣傳活動，告訴全世界，你只要購買了音樂，就可以按自己意願進行複製和使用。許多人，包括麥可，視其為對音樂產業的致命威脅，且很快會威脅到電視和電影產業。麥可一向堅定捍衛版權，經常在盜版問題上大聲疾呼，而蘋果鋪天蓋地的廣告確實讓他感到困擾，於是他公開鎖定蘋果公司，向參議院商務委員會作證，指控蘋果公然蔑視版權法並鼓勵盜版。賈伯斯可不同意這一點。

那是一段很有趣的時光，我認為它標誌著我們所認識的傳統媒體開始走向終結。令我感到饒有興味的是，幾乎每家傳統媒體公司都在嘗試弄清自己在這個變化世界中的地位，但他們的作為卻是出於恐懼而非勇氣，頑固地想要築一道屏障來保護那些不可能在眼前巨變下存活的舊模式。

沒有人比賈伯斯更能夠體現這種變化，他除了掌管蘋果公司，還擔任皮克斯動畫工作室的執行長，而皮克斯是我們最重要、最成功的創意合作夥伴。一九九〇年代中葉，迪士尼與皮克斯敲定協議，共同製作、銷售和發行五部電影。《玩具總動員》（*Toy Story*）是按先前的協議於一九九五年發行。這是第一部數位化動畫長片，也是創作和技術上一次驚天動地的飛躍，全球票房逼近四億美元。《玩具總動員》之後，接著又取得了兩次成功：一九九八年的《蟲蟲危機》（*A Bug's Life*）和二〇〇一年的《怪獸電力公司》（*Monsters, Inc.*）。三部電影全球總票房超過十億美元，且在迪士尼動畫開始走下坡之際，奠定了皮克斯在未來動畫產業的地位。

儘管皮克斯的電影在藝術和財務方面取得了成功，但兩家公司之間（主要是麥可和賈伯斯之間）的緊張關係逐漸升高。雙方原先達成交易時，皮克斯還是一家初創企業，迪士尼則擁有全部影響力。皮克斯在交易中放棄了許多，包括所有電影製作續集的權利。

隨著兩家公司的成功和地位增長，雙方之間的不平等開始困擾賈伯斯，他厭惡任人擺布。麥可則更專注於已談妥的交易細節，似乎不曉得或不在乎賈伯斯的感受。在開發《玩具總動員2》（*Toy Story 2*）時，情況進一步惡化。這部片子原本應直接跳過電影院，直接發行錄影帶，但是影片先期播放需要更多製作資源，兩家公司決定應先在大銀幕上放映。這部電影在全球票房近五億美元，接下來出現了合約爭議。皮克斯認為這應該計入與迪士尼簽定的五部電影，麥可卻一口回絕，因為這是續集。這件事成了麥可和賈伯斯間爭執的另一個焦點。

隨著每部片子的發行，皮克斯的聲譽和影響力水漲船高，與迪士尼的緊張關係也在增加。按賈伯斯的想法，他和皮克斯理應得到迪士尼更多尊重，他希望合約能反映雙方實力消長。他也認為，他們在創意和商業方面都讓迪士尼黯然失色，迪士尼應該向他們尋求創意上的協助。結果不然，他覺得麥可一直視他們為彼此關係中的次要夥伴，是一家供人雇用的工作室，這對他們是大大的輕蔑。

麥可同樣也感到不受尊重。他和迪士尼其他一些人相信，他們不應只是電影創作中沈默的合作夥伴，而賈伯斯從來沒有給迪士尼應得的榮譽。在我擔任營運長期間，我根本沒有涉入迪士尼與皮克斯之間的往來，但是很明顯，皮克斯越來越趾高氣揚，迪士尼卻逐漸抬不起頭來，而這兩個意志堅強的人注定要為爭奪主導地位而戰。

這是二〇〇一年大致的情勢——我們的產業正以驚人的速度變化；麥可和賈伯斯之間的矛盾威脅著一個重要夥伴關係的未來；一系列票房失敗導致公眾對迪士尼動畫失去信心；

ABC收視率也在下滑；董事會開始注意並質疑麥可的領導能力。

接下來發生九一一事件，整個世界為之改變，我們也面臨未曾想像過的挑戰。當天早晨，我天一亮便起床，在家做運動，我抬頭看電視，見到一則報導說，有架飛機剛剛撞進紐約世貿雙塔之一。我停下鍛鍊，進到另一個房間打開電視，正好看到第二架飛機撞上另一座世貿大樓。我立刻打電話給ABC新聞總裁大衛．威斯汀（David Westin），以確定他知道這件事，以及我們將如何報導眼前發生的一切。大衛掌握的資訊不多，但與所有主要新聞機構一樣，我們正從四面八方調集數百人馬，前往五角大廈、白宮和曼哈頓下城，試圖了解到底發生什麼事。

我趕往辦公室，途中打電話給麥可。他還沒看到新聞，而在他打開電視後，我們有了共同的擔憂——迪士尼也可能成為目標。我們決定立刻關閉奧蘭多的華特迪士尼世界並清空園區，不開放迪士尼樂園。那天剩下時間我都在協調我們在各個方面的反應——花數小時與ABC新聞電話聯繫，確保我們所有人員的安全，制定日後遊樂園的安全策略，並在這段我們這一生中最混亂不安的時期，嘗試協助人們保持冷靜。

這次襲擊造成的許多連鎖反應之一是，九月十一日後全球旅遊業衰退了很長一段時間。迪士尼的業務受到災難性影響。整個股票市場大幅下挫，迪士尼在襲擊後的幾天內市值損失近四分之一。然後，我們最大的股東巴斯家族（Bass family）被迫出售大量迪士尼股票（一億三千五百萬股，價值約二十億美元），以應付追繳保證金通知，導致我們的股價進一步大跌。全球各地公司為恢復元氣而戰鬥了一段時間，而我們的問題卻不斷累積，對迪士尼和麥可來說，這是陷入爭端的一段漫長進程的開始。

❀

從許多方面看，麥可以堅忍和令人佩服的方式處理所遇到的麻煩，但隨著壓力越來越大，想不屈服於悲觀和疑懼是不可能的。我偶爾會接到麥可的電話，他會說他剛去沖澡，剛上了飛機，或在午餐時跟人聊天，然後確信我們正在做的某件事會失敗，某人就要追上我們，某一筆交易會完蛋。他真的會對我說：「天就要塌下來了。」隨著時間過去，一種無望和沮喪的感覺開始在公司瀰漫。

麥可有充分的理由感到悲觀，但身為領導者，你不能將這種悲觀情緒散播給周圍的人。這會重創士氣，會耗損精力和靈感。而決策會是在畏首畏尾的情況下做出的。

麥可生性悲觀，在某種程度上對他有幫助。他之所以如此，部分原因是出於對災難的恐懼，這往往助長他的完美主義也帶來成功，卻並非激勵人心非常有用的工具。有時他的擔憂不無道理，應予以處理，但他常常受制於那種飄浮不定的憂慮。麥可的狀況不止於此。他天生的熱情常帶有感染力。在他後來那些年，隨著他承受的壓力不斷增加，悲觀已成了常規，而不是例外，這使他向持同樣看法的人靠攏且越來越陷入孤立。

沒有人能完美處理麥可的壓力，但領導者的樂觀態度很重要，特別是在面對挑戰的時刻。悲觀會導致痴心妄想，導致自我防衛，導致逃避風險。

樂觀啟動的是另一部機器。尤其在困難時期，被你領導的人需要對你專注於重要事物的能力有信心，而不是在一個強調防禦和自我保護的地方開展業務。這並不是要你粉飾太平，也不是在傳達那種「船到橋頭自然直」的信念。這是相信你和你身邊的人能達成最好的結果，且事情就算未如你所願，也不會傳達那種一切都完了的感覺。身為領導者，你所創造的氛圍會對你周圍的人產生巨大影響。沒人願意跟隨一個悲觀的人。

❀

九一一之後的幾年，董事會兩位重要成員，洛伊．迪士尼和洛伊的律師史丹利．戈德（Stanley Gold）開始公然表達對麥可經營公司的能力缺乏信心。洛伊與麥可的關係長久而複雜。麥可能夠出任執行長兼董事長，主要是因為洛伊，而在麥可領導下，他和所有股東一起獲益匪淺。在一九八四年至一九九四年間，迪士尼的年度利潤增長三倍，股價則上漲了一三〇〇%。

在那些年間，麥可竭盡全力討好洛伊，對他展現順從和尊重。這很不容易。洛伊有時非常難搞。他自認為是迪士尼遺產的守護者。他執著於迪士尼的一切，只要打破任何傳統，便是違反了華特在其生前與他達成的神聖約定（華特據信並未把這個姪子太當一回事）。洛伊傾向於崇拜過去而非尊重過去，導致他很難忍受任何形式的改變。他厭惡麥可收購首都城市／ABC，因為這意味著將非迪士尼的品牌注入公司血液裡。一件較小的事件或許更能說明問題，就是我們在某個聖誕銷售旺季決定在迪士尼商店販賣純白色米老鼠絨毛娃娃，他非常生氣。「米奇只能是黑、白、紅、黃這些顏色，就是這樣！」洛伊在給麥可和我的電子郵件中怒不可遏。他要求將他所謂的「白化症米奇」（albino Mickeys）下架，我們沒這麼做，但這件事帶來極大干擾。

洛伊還有酗酒問題。在迪士尼，我們從未在他生前討論過此事，幾年後，他的一個孩子與我公開談論他們夫妻酗酒的問題。洛伊和妻子帕蒂（Patti）幾杯酒下肚後可能發飆，常會在深夜發電子郵件罵人（我收過幾封這種郵件），內容不外乎那些他認為我們身為迪士尼遺產管理者所犯下的錯誤。

隨著我們面對的挑戰越來越大，洛伊對麥可的批評更加公開，最終演變成全面攻擊。二〇〇二年，洛伊和史丹利致函董事會，要求麥可解決他們的顧慮，內容有許多，包括：

ABC病懨懨的收視率；與賈伯斯和皮克斯的關係；與主題遊樂園策略相關的歧見；以及他們認為與麥可微觀管理有關的問題。他們來信所抱怨的事如此具體，我們不得不認真對待。結果全體管理層向董事會做了報告，討論了每個問題以及解決之道。

這樣做似乎無濟於事。洛伊和史丹利一年中大部分時間都在積極嘗試說服董事會罷免麥可，二〇〇三年秋，麥可對他們終於忍無可忍。他的策略是引用公司治理準則有關董事會成員任期的規定，即董事會成員到七十二歲必須退休。這條規定從未實施，但洛伊挑戰麥可的極端做法使其決定引用該條款。麥可並未告訴洛伊本人，而是讓董事會提名委員會主席通知他不能再連任，且將在二〇〇四年三月下次股東大會召開時退休。

我們接下來的董事會會議訂在感恩節後的週二於紐約舉行。週日下午，威蘿和我正在前往博物館途中並計畫當天傍晚共進晚餐，麥可的助理通知我去東六十一街皮埃爾飯店（Pierre Hotel）麥可的住處緊急會面。當我抵達時，麥可正拿著洛伊和史丹利的一封來信。

我接過信開始閱讀。洛伊在信中表明，他和史丹利將辭卸董事會職務。然後他用三頁篇幅猛烈批評麥可對公司的管理。他承認，麥可最初十年很成功，但後來幾年有七項明顯的失敗，洛伊逐一列舉：

（一）無法挽回ABC黃金時段低迷的收視率；（二）「你對周圍每個人一貫進行微觀管理，導致整個公司士氣低落」；（三）對主題遊樂園投資不足，建設「便宜行事」，導致遊樂園遊客下降；（四）「我們的股東皆察覺……公司貪婪，沒有生氣，且總想尋求『快速發財』而非長遠價值，從而失去公眾信任」；（五）管理不善和士氣低落，令公司富有創意的人才流失；（六）未能與迪士尼的合作夥伴（尤其是皮克斯）建立良好關係；（七）「你一再拒絕制定明確的成功計畫」。

洛伊最後寫道：「麥可，我真誠相信該走的人是你而不是我。因此，我再次要求你辭職退休。」

洛伊的某些指控合情合理，但許多卻無的放矢。這並不重要。我們都曉得我們正走在非常崎嶇的道路上，而我們已開始為不可避免的公關噩夢制定策略。

這封信只是開始。洛伊和史丹利很快發起他們所謂的「拯救迪士尼」運動。接下來三個月，一直到二〇〇四年三月在費城召開年度股東大會之前，他們一逮到機會便公開批評麥可。他們力圖讓其他董事會成員反對他。他們還建立了一個「拯救迪士尼」網站，積極遊說迪士尼股東在即將登場的股東大會上投「保留」票（withhold vote），將他攆出董事會。（你若擁有公司的股票，會收到一份委託書，每年你都可以投票支持個別的董事會成員，或「保留」你的支持，這相當於投不支持票。）

與此同時，麥可．艾斯納和史帝夫．賈伯斯之間長期以來的敵意終於爆發。迪士尼試圖延長與皮克斯的五部電影夥伴交易，賈伯斯卻提出一份讓人無法接受的新協議。皮克斯要主導製作並保留所有續集的權利，迪士尼將淪為發行夥伴。麥可一口回絕，史帝夫則寸步不讓。在漫長的談判過程中，麥可於《海底總動員》（*Finding Nemo*）發行前寫給董事會的一份內部備忘錄，被洩漏給了媒體。麥可在備忘錄裡寫道，他看了初期剪接的片子，感覺不怎麼樣，他不相信皮克斯真有那麼了不起，到時可以「檢驗一下真實狀況」。他暗示，《海底總動員》如果票房不佳，不見得是壞事，因為迪士尼在談判時會更有力量。

賈伯斯最厭惡別人試圖對他施壓。你這樣做，他會發狂。麥可也討厭自己或公司受欺負。兩人湊在一塊兒，讓原已充滿挑戰的談判變得幾近不可能。在某個時刻，賈伯斯提到迪士尼動畫一連串「令人尷尬的糗事」。二〇〇四年一月，他當著大家的面公開宣布不再與迪士尼打交道。「經過十個月嘗試敲定協議，我們要走人了，」他說：「皮克斯未來的成功，迪士尼沒份，真是太可惜了。」麥可回應稱，無所謂，我們可以製作我們發行的皮克斯電影所有續集，他們對此根本沒轍。隨後，洛伊和史丹利介入並發表他們自己的聲明，「一年多以前，我們警告過迪士尼董事會，我們認為麥可．艾斯納未能妥善處理與皮克斯的合夥關係，也表達了我們對這一關係陷入險境的擔憂。」這更強化了他們認為麥可已失去對公司控制的主張。

事實上，麥可拒絕賈伯斯所提條件並沒有錯。接受賈伯斯的交易在財務上說不過去。迪士尼花費的成本太高，收益太低。但是，公眾的看法頗受談判破裂以及麥可與賈伯斯不和的報導所影響，認為麥可搞砸了，這對他是沈重的一擊。

兩週後，我們在奧蘭多召開一次投資人會議，計畫讓產業分析師對公司未來感到放心，並對所有近期受到的損害做出回應。我們第一季收益報告於當天發布，數字很不錯。前一年五月和六月上映的《海底總動員》和《神鬼奇航》（*Pirates of the Caribbean*）票房甚佳，我們的總營業額增長了一九%。這是一段時間以來我們第一次見到雨過天青，我們也期盼證明我們已回到正軌。

事情並不如人願。在佛羅里達州一個多雲、涼爽的早晨，我於七點左右離開飯店房間，在前往參加會議的路上，我接到我們的傳播長澤妮亞・穆哈來電。澤妮亞常會加重語氣陳述她的觀點；而這一次，加重語氣已不足以形容狀況。「康卡斯特（Comcast）在搞敵意併購了！」她在電話裡聲嘶力竭道，「馬上去麥可的套房！」

康卡斯特是美國最大的有線電視業者，其執行長布萊恩・羅伯茨（Brian Roberts）知道擁有迪士尼會改變他們。這能讓他們將迪士尼的內容產品和他們龐大的有線電視網絡結合起來，這會是一個強大的組合。（他們對ESPN特別感興趣，ESPN是當時有線電視中價格最高的頻道。）

幾天以前，布萊恩打電話給麥可，表示有意收購迪士尼。麥可說他不打算談判，但如果對方想正式開價，董事會有義務考慮。「但我們不賣，」麥可說。這項拒絕導致康卡斯特對迪士尼董事會及其股東提出具有敵意、不請自來的公開報價，他們準備以六百四十億美元收購迪士尼，並以康卡斯特股票支付。（每持有一股迪士尼股票，股東可換取〇．七八股康卡斯特股票。）

我走進麥可的套房，便聽見布萊恩．羅伯茨和康卡斯特總裁史提夫．博科（Steve Burke）的講話聲，他們正在接受CNBC現場採訪。史提夫我很熟。一九九六年到一九九八年，他是我的下屬，在那之前他在迪士尼工作了十年，最後是在巴黎迪士尼樂園。麥可將他調回紐約後，他前來ABC為我工作。他是我所敬愛的前東家丹恩．博科的長子。史提夫不像丹恩天生熱情，但他既聰明又風趣，且學習速度快。我傳授他不少電視和廣播業務方面的知識，他則讓我了解迪士尼許多事情的來龍去脈。

一九九八年，我急切需要有人接管ABC，好讓我有空去做其他方面的工作，我告訴史提夫，我打算將他提升為ABC總裁。他說他不想去洛杉磯（麥可當時正計畫將ABC所有一切遷往洛杉磯），不久後他告訴我們他要離開迪士尼前去康卡斯特。我對他投注相當多，在那兩年，我們彼此越來越緊密，他要走我感覺像背後被捅了一刀。如今，他在電視上講得更絕。當他被問到要如何搞定ABC，他答道：「延攬更好的人來經營它。」

當我到達時，澤妮亞和我們的法務長艾倫．布拉弗曼以及策略規畫負責人彼得．墨菲已在麥可的套房裡盯著電視。這次要約收購讓我們猝不及防，並急著想做出回應。我們有必要發表公開聲明，但首先必須知道董事會的立場。同時我們也試圖弄清是什麼讓布萊恩如此肯定迪士尼會出售？事情很快有了頭緒，必定是某個董事會內部或接近董事會的人告訴他，麥可現在不堪一擊，迪士尼的狀況糟透了，只要他出價，董事會就會接受。這可以讓董事會除掉麥可時較不受阻撓。（幾年後，布萊恩向我證實，有個宣稱代表董事會某位成員的中間人，鼓勵他出價。）

就在我們努力維持鎮定時，卻沒有看見另一波大浪正沖過來。機構股東服務（Institutional Shareholder Service，簡稱ＩＳＳ）是一家向投資人（大都為中型基金）提供如何評估企業治理情況以及代理投票該怎麼投等相關建議的公司，也是全球同類公司中最大的一家。企業進行代理投票時，ＩＳＳ通常能影響超過三分之一票數。那天早上，他們發布公開建議，支持洛伊和史丹利所發起對麥可投反對票的活動。雖然代理投票要到三月才會宣布，我們卻已能夠預期會出現大量不信任票。

我們離開麥可的套房前去參加投資者會議時，正面對兩項重大危機。我記得那時心想我們就像跟洛伊、史丹利和史提夫展開一場傳統戰爭，這時出現另一方發射了核武器。在此情況下，我們傾全力在投資人面前為自己辯護，但他們以非常公開的方式對公司的未來表示嚴重擔憂。我們抬頭挺胸，吹噓最近的獲利回報，並逐步向他們解釋未來的計畫，竭盡所能說服他們。然而這是一次難熬的會議，躲也躲不掉：事情只會變得越來越艱難。

❀

接下來幾週，康卡斯特的要約收購以失敗收場。布萊恩．羅伯茨以為迪士尼董事會會急於接收他的最初收購價，他們卻沒有，從而讓許多其他因素浮出檯面。首先，我們宣布收入增加後股價飆漲，身價立刻扶搖直上。其次，康卡斯特的股東對布萊恩的宣告持負面態度。他們不支持布萊恩的舉措，康卡斯特股價迅速下跌，進一步貶低了報價，整個算計只能全部作廢。最後，影響所有這一切的是，公眾反對這項交易的意見也見諸媒體：「迪士尼」作為一個美國品牌，仍會產生情感上的共鳴，而被一家巨型有線電視業者併吞的主意令消費者反感。康卡斯特最終撤回了收購案。

麥可的麻煩並未結束。到了三月，三千名迪士尼股東聚集在費城參加我們的年度會議。會議前一晚，洛伊和史丹利以及拯救迪士尼團隊在市中心一家飯店舉行了一場大型集會。洛伊和史丹利強烈批評麥可，並要求更換領導，許多媒體報導了這場集會。在當時某個時刻，澤妮亞前來告訴我：「你必須出去與新聞界對話。我們需要把我們這部分故事講出去。」麥可沒辦法做這件事，這會引起激烈和對立反應，所以必須由我出面。

澤妮亞很快通知新聞界一些人我會出來跟他們談，第二天我們兩人走進即將召開會議的會展中心大廳。為了這次會議，我們從奧蘭多運來七十五個設計不同的巨型米老鼠塑像，我站在其中兩座塑像間，接受約一小時提問。我沒有準備任何筆記，也記不得回答了哪些特別的問題，我倒是確定這些問題都跟股東大會有關，以及我們打算如何回應來自洛伊和史丹利的批評。我記得當時的場面令人難堪。我為公司辯護並表態支持麥可，也坦率質疑洛伊和史丹利的動機和行徑。這是我職業生涯中首次不得不面對如此密集的新聞關注，儘管無法扭轉即將到來的潮流，但回想那一刻，我為當時能站在那裡並且守住自己的立場而感到自豪。

❀

第二天上午五點起，股東們便開始在會展中心外排隊。幾小時後門打開，數以千計的人湧了進來，其中許多人被安排進入一間大的會場外廳，觀看閉路電視。麥可和我致開幕詞；然後我們每個業務部門主管一一上台報告各自的業務狀況和未來計畫。

我們同意讓洛伊和史丹利分別發表十五分鐘聲明，但不是在講台上。當他們超出時間限制時，我們出於禮貌讓他們結束發言。他們的聲明措辭激烈，得到在場許多人的歡呼。完畢後，我們進行一小時提問。麥可一開始便知道這會是一場全面攻擊，但他表現得體。他承認遇到許多困難，並以我們的業績和股價正在改善作為辯護。他談到自己對公司的熱情，但他那天不會好過已經成了定局。

最後代理投票計票結果，四三%股東不支持麥可。這種不信任可謂到了災難程度，以致我們宣布的是原始數字而不是百分比，希望聽起來不會太糟。不過在宣布結果時，場內仍傳出嘆息聲。

股東大會結束，董事會立即舉行了行政會議。他們知道必須做些回應，於是決定剝奪麥可的董事長職位，但讓他繼續擔任執行長。來自緬因州的前國會參議院多數黨領袖喬治．米切爾（George Mitchell）是董事會成員，他們一致投票支持他取代麥可擔任董事長。麥可雖花了點工夫想說服他們，但無奈地接受了這一不可避免的結果。

那天還有最後一件不光彩的事。這個新聞太大，我們自己的新聞節目《夜線》希望將當晚的節目用來報導「拯救迪士尼」運動和投票結果。我們共同決定，讓麥可硬著頭皮上節目，符合他本人和公司的最大利益。《夜線》主播泰德．寇佩爾問麥可，這件事對他和迪士尼的未來意味著什麼。被自己的新聞人員審檢對他來說非常痛苦，但他卻勇敢面對。

三月的股東大會以及失去董事長職位，麥可的終結開啟了，現實也開始起作用。二〇〇四年九月初，他致函董事會，宣告他將在二〇〇六年合約到期時辭職。兩週後，董事會開會並接受了麥可的提議。喬治．米切爾隨後來找我，表示他們將發布一份新聞稿，宣布麥可將在合約到期時不再續約，並將立即展開尋才程序，以期在二〇〇五年六月前找到繼任者。米切爾告訴我，一旦找到人選，他們會加快過渡的步伐，換言之，他們打算在二〇〇五年秋

（合約到期前一年）換掉麥可。

我問他對於尋才一事他們有何打算，米切爾說：「我們將尋找外部人選和內部人選。」

「除了我以外，還有哪些內部人選？」

「沒有，」他說：「你是唯一的一個。」

「那麼你需要寫下來，」我告訴他：「我是營運長，從今天起，你們正讓麥可成為跛腳鴨（lame duck，意即不再擁有全部權力）。我勢必要介入並行使更多權力。」我了解這並不保證我會成為麥可的繼任者，但公司裡的人至少要知道有這個可能。

我非常仰仗那一刻。假如公司其他成員不相信我是認真的人選，那我就沒有真正的權威，我會和麥可一起跛腳。通常，過度擔心公眾對自己權力看法的人會這樣，因為他們沒安全感。眼下的情況是，我若要在這個動盪時期協助公司營運，而且我有機會成為下一任執行長，那麼我需要董事會給予我一定程度的權力。

「你要的是什麼？」喬治問道。

「我要你在新聞稿裡寫下我是唯一的內部人選。」

米切爾完全了解我的需要和理由，對此我銘感五內。這意味著我能在不全然有力、但也不全然軟弱的職位上經營公司。即使他們正式宣告我是人選之一，我也不認為董事會有任何人，甚至連喬治在內，覺得我能勝任，他們當中有許多認為我不應擔此重任。

接下來幾個月，會有很多人談論，迪士尼的問題唯有靠外來的「變革促進者」（change agent）才能解決。這是毫無意義的詞彙，也是企業的陳詞濫調，但卻明白反映當時的情緒。更糟的是，董事會感到他們的聲譽嚴重受損，雖然他們的痛苦不如麥可所受的那麼大，但這齣戲讓他們精疲力竭，現在他們需要對外發出信號：事情將有所改變。而把鑰匙交給公司史上最艱困的五年中擔任麥可副手的那傢伙，的確算不上什麼新的開始。

第7章

事關未來

我所面對的挑戰是：如何在選人的過程中，不批評麥可．艾斯納而說服迪士尼董事會，我能帶來他們想要的改變？我過去曾不同意某些決策，也認為公司需要做出改變，以回應那些批評。但我尊重麥可，並感謝他給我機會。我還擔任過公司營運長五年，把所有錯誤歸咎於其他人顯然太虛偽。不過最主要是，為了讓自己看起來更好而犧牲麥可，就是不對。我告誡自己絕不要那樣做。

相關公告發布後我花了幾天時間，試圖找出一種方法來穿越那特別的難關：即如何在談論過去時，不讓自己牽扯太多與我無關的決策，或倒向另一頭，加入怪罪麥可的行列。解決這一窘境的方法來自一個意想不到的地方。董事會宣布後一週左右，我接到一位備受推崇的政治顧問和品牌經理史考特．米勒（Scott Miller）來電。幾年前，史考特提供ABC一些非常有用的諮詢，在電話裡他說他人在洛杉磯，問我能否聚聚，我很想跟他見面。

幾天後，他來到我的辦公室，丟了約十頁的一疊紙在我面前。「這是給你的，」他說：「免費奉送。」我問是什麼。他說：「這是我們的競選劇本。」

「競選？」

「你將要投入的是一場政治競選活動。」他說：「你知道吧？」

從某種抽象角度看，是的，我了解是那樣，但我並未用史考特提的字面語彙去思考這事。他說，我需要一套贏得選票的策略，這意味著搞清楚董事會裡誰可望被說服，並將我所要傳達的信息集中投放在他們身上。他問了我一連串問題：「哪個董事會成員肯定站在你這邊？」

「我不確定有誰會支持我。」

「好吧，那誰絕不可能給你機會？」三、四張面孔和名字立刻閃過我的腦海。「現在，有誰屬於游離票？」我認為有幾個人我或許可以說服他們壓寶在我身上。史考特說：「那些人是你首先要關注的對象。」

他也了解我在談論麥可及過去時有所顧忌，他已經預料到。「身為現任，你贏不了。」他說：「你採取守勢贏不了。這件事只關乎未來。跟過去無涉。」

這看似很明顯，但對我是個啟示。我不必重提過去。我不必為麥可的決策辯護。我不必為自己的利益去批評他。事情只關乎未來。每次有人問到迪士尼過去那些年出了什麼狀況，麥可犯了什麼錯誤，以及為什麼他們應該認為我不一樣，我可以簡單而誠實地回答：「過去的事我無能為力。我們可以討論所得到的教訓，並確保將來能應用這些教訓。但我們不會重蹈覆轍。你要知道的是我將把公司帶往哪裡，而不是公司過去如何。我的計畫在這兒。」

「你必須思考、計畫並且像造反者一樣行動，」史考特告訴我，你構思計畫時應銘記在心：「這是為品牌的靈魂而戰。要談論品牌，如何增加其價值，如何保護它。」接著他補充道：「你需要一些策略上的優先要務。」對此我已有很多想法，立刻開始列清單。我提了五、六項，他搖搖頭：「別說了。一旦有那麼多，就不再是什麼優先要務。」優先要務是你將投注大量時間和資金的少數幾件事。太多，不僅會削弱它們的重要性，而且沒人記得住。「你會讓人覺得沒重點，」史考特說：「你只能列三個。我無法告訴你應該是哪三個。我們不必今天就弄清楚。你如果不願意，不必告訴我是什麼。但你只能有三個。」

他說的沒錯。我渴望證明自己握有解決迪士尼所有問題以及所面對困難的策略，但卻沒有列出優先要解決的事。沒有指明什麼最重要，沒有容易明白的全面視野。我缺乏清晰和鼓舞人心的整體願景。

一家公司文化的塑造，受許多事情影響，但你必須清晰、反覆傳達自己的優先要務，這是最重要的事之一。依我的經驗，這就是卓越管理者不同於其他管理者的地方。領導者沒有清楚闡明他們的優先要務，他們身邊的人不會知道自己該優先處理什麼。時間、精力和資金被浪費掉了。你的組織成員會因為不曉得該專注於哪些事而承受不必要的焦慮。於是低效率出現，挫折感增加，士氣滑落。

你可以大大提振身邊的人（以及他們身邊的人）之士氣，只要消除他們日常生活中的揣測。執行長必須提供路線圖給公司和高層團隊。有許多工作很複雜，需要大量專注和精力，但傳遞這種信息相當簡單：這就是我們想達到的目標。這就是我們達到目標的做法。一旦簡單鋪陳了這些事，便能更容易做出許多決定，而全組織的整體焦慮也跟著下降。

與史考特會面後，我迅速制定了三個明確的策略優先要務。從我被任命為執行長至今，它們一直導引著公司：

（一）我們需要將大部分時間和資金投入創造優質的品牌內容。在一個越來越多「內容」被創造和分發的時代，我們得確認一件事實，即品質會越來越重要。光是創造許多內容還不夠；甚至創造許多**好**的內容也不夠。隨著選擇暴增，消費者需要一種能力來決定如何花費自己的時間和金錢。偉大的品牌將成為引領消費者行為的更強大工具。

（二）我們需要傾全力擁抱科技，首先要利用它來創造更高品質的產品，然後以更現代、更適宜的方式吸引更多消費者。從迪士尼由華特治理的最早期開始，科技一直被視為一種強大的說故事工具；而今我們更應加倍倚重科技。儘管我們基本上仍是（且將繼續是）內容創造者，但越來越明顯的是，現代的配銷（distribution）勢將成為維持品牌相關度（brand relevance）不可或缺的手段。除非消費者能以更易於使用、更方便移動和更數位化的方式來消費我們的內容，否則我們和消費者的相關度將受到挑戰。簡而言之，我們需要視科技為機遇而不是威脅，我們必須抱持著堅定的信念、熱情和緊迫感來做到這一點。

（三）我們需要成為一個真正全球化的公司。我們的經營觸角伸得很廣，在世界各地許多市場都有業務，但我們需要更積極打入某些市場，尤其是世界上人口最多的幾個國家，好比中國和印度。假如我們的主要焦點是要創造優質的品牌內容，那下一步便是將這些內容帶給全球觀眾，在這些市場扎穩並壯大我們的根基，以推動規模大幅增長。如果繼續為同一批忠實客戶創造相同的事物，等於是停滯不前。

這是我提的願景，它關乎未來，不是過去，而未來則圍繞這三個優先要務，對整個公司的使命、所有業務以及十三萬名員工中的每一個人，同步進行組織規畫。董事會成員大都對我沒什麼信心，現在我只需要說服其中十位，讓他們相信這是公司正確的方向，而我是擔此重任的合適人選。

❀

我第一次面對全體董事會接受面談，是在某個週日傍晚於我們伯班克的董事會會議室。他們問了我兩小時，雖然沒對我張牙舞爪，但也不特別熱情友好。他們已承受壓力很長一段時間，如今壓力更大。他們不苟言笑的態度說明他們決心展現自己認真看待這項流程。很顯然，即使我已在董事會待了五年，也不會讓眼前的路更好走。

那天我正巧要參加馬里布（Malibu）一場鐵人三項比賽，幾個月前我就承諾參賽，我可不想讓所屬團隊陷入麻煩。所以我清晨四點起床，摸黑開車前往馬里布，騎完十八英里長的自行車賽，然後趕緊回家沖澡，換衣服，直奔伯班克與董事會見面。最後一刻，為避免面試時精神不濟，我在進門前吃了一支高蛋白營養棒。接下來兩小時，我的胃咕咕作響，我擔心董事會以為我的消化系統正在傳送信號，告訴他們我無法承受壓力。

從好處看，這是我第一次向他們展示我的計畫。我提了三個核心原則，而後回答了有關公司內部士氣低落的若干問題。「人們對品牌仍懷抱巨大熱情，」我說：「但我的目標是讓迪士尼成為全世界最受消費者、股東和員工讚賞的公司。最後那部分是關鍵。除非我們先從自己人這裡得到稱讚，否則我們永遠得不到公眾的稱讚。而要讓為我們工作的人讚賞公司並相信公司的未來，辦法是製造他們引以為傲的產品。就這麼簡單。」

關於士氣，我提到另一個更實際的問題。多年來我們的公司已變成幾乎所有非創意性決定，都是出自我先前提到的中央監督小組「策略規畫」。「策略規畫」由大約六十五位分析師組成，他們來自美國最好的商學院，擁有MBA學位。我們總部的四樓被他們占據，隨著公司擴張發展，麥可越來越仰仗他們來分析我們所有的決策，並為我們的各項業務制定策略。

在許多方面看，這樣安排有道理。他們很擅長所從事的工作，但這造成兩個問題。我先前曾提到，集中決策會影響我們業務高層主管的士氣，他們會感覺到管理自己部門的權力實際上來自「策略規畫」。另一個問題是由於過度分析，決策過程可能艱辛而緩慢。「世界移動的速度甚至比前幾年還要快許多，」我告訴董事會：「事情發生的速度只會增加。我們做決策必須更直接迅速，而我需要摸索出辦法來。」

我認為，我們的業務主管若感到自己更能夠參與決策，對公司士氣會產生正面、涓滴效應的影響。那時我還不曉得這種影響會那麼巨大和迅速。

❀

董事會首次面談後的六個月流程中，我面對的考驗堪稱我職業生涯之最。從商業智慧角度看，我的智力從未遇到比這更大的挑戰，從未如此密集地思索公司該如何營運以及哪些狀況需要修正，也從未在這麼短的時間內處理這麼多資訊。我在做所有這一切時，還要協助處理公司日常營運需求（麥可還在，但可想而知他的心思已不在那裡），漫長而壓力沈重的日子開始磨耗我。

工作量並非構成壓力大的主要因素。我一直以自己有能力和意願比任何其他人付出更多的努力而自豪。對我來說，截至這時最艱難的考驗是如何應對公眾指指點點以及坊間認為我不該擔綱下一任執行長的意見。迪士尼的接班過程是個重要的商業故事，圍繞此事的報導也未曾間斷——董事會在想什麼？有誰牽扯在裡頭？公司能否撥亂反正？商業分析師和評論家之間的共識大都反映了董事會反對我的成員所持的觀點：迪士尼需要引進新血和新觀點。選擇艾格相當於選了一顆麥可．艾斯納的巨大橡皮圖章。

然而，不只是新聞界。選才流程初期，傑弗瑞．卡森伯格在伯班克的迪士尼總部附近和我共進早餐。「你有必要離開，」傑弗瑞告訴我，「你不會得到這份工作。你的名聲已受損。」我知道要把自己跟麥可切割開來不容易，但直到那時我還沒想過外界會認為我已被污染。傑弗瑞覺得有必要喚醒我。他說，過去幾年的混亂我不能置身事外。「你應該參與一些公益活動，以恢復你的形象。」

恢復我的形象？我聽了他這番話，試圖保持鎮定，但傑弗瑞確信我已沒戲唱，讓我感到震驚和憤怒。不過我也懷疑他可能是對的。也許我沒有意識到身邊其他人都能明白看出：我根本不可能獲得這份工作。又或許這只是「好萊塢克里姆林宮學」（Hollywood Kremlinology，即對好萊塢的八卦剖析），我眼前最重要的任務是繼續為自己創造最好的條件，並忽略非我所能控制的一切干擾。

人們很容易陷入謠言的圈套，擔心這個人對你的看法，或那個人如何講述或撰寫關於你的事。當你覺得受到不公平誤解時，很容易變得防禦心強和小心眼，想要強烈發作一番。我不認為我應該得到這份工作；我不認為我**夠格**，但我確實相信自己可以勝任。面對這麼多公開質疑，我仍能保持鎮定，就是部分證明。我仍記得《奧蘭多前哨報》（*Orlando Sentinel*）有個標題寫道，〈艾斯納繼任者還很不明朗〉。許多人也表達類似看法，有段時間，似乎每天都有人在撰寫或談論董事會如果任命我為執行長，會是多麼不負責任的一件事。有一家媒體引用史丹利·戈德的話，說我「彬彬有禮且工作勤奮，但迪士尼董事會多數人公開質疑〔我〕是否應接替麥可」。這話聽起來還真不吉祥。董事會成員蓋瑞·威爾森（Gary Wilson）不僅認為我不該得到這份工作，且顯然認為他可以透過折磨我並試圖在我們的會議中羞辱我，來推進自己的計畫。我必須不斷提醒自己，蓋瑞·威爾森不是我的問題。這個過程不僅測試我的想法，也測試我的性情，我不能讓對我認識不多的人所表達的負面態度，影響我對自己的看法。

到流程結束前，我將接受十五次面談：先是第一次面對全體，而後與董事會每位成員進行一對一面談；再來是應董事會成員要求，進行後續面談；接著我遇到職業生涯中最侮辱性的一次經歷，我接受一位名叫葛瑞・洛奇（Gerry Roche）的獵才顧問面談，他經營的海德思哲公司（Heidrick and Struggles）是一家著名的人才搜尋公司。

董事會雇用葛瑞，是要拿我當外部人選的「參考基準」（benchmark），並協助董事會安排他們不認識的人選。當我得知此事，我向喬治・米切爾抱怨，這很討人厭，而且我已回答所有可能會問的問題。「就做吧，」喬治說：「董事會想要做完該做的每件事。」

於是，我飛往紐約，前往葛瑞的辦公室進行午餐會議。我們在會議室裡，桌上只擺了水。葛瑞拿著一本剛出版的《迪士尼戰爭》（*Disney War*），作者詹姆斯・斯圖瓦特（James Stewart）在書中，對麥可擔任執行長和我擔任營運長那些年的情況做了一番調查，其中有些內容並不正確。書的某幾頁貼了便利貼，標記葛瑞想要挑戰我的段落。他翻閱這本書，問了一連串與我不大相干或無關的問題。面談了三十分鐘後，葛瑞的助理進來，拿了一個裝有午餐的棕色袋子給他，並告訴他，載他去佛羅里達參加一場婚禮的私人飛機快要起飛，他再不走就會搭不上。就這樣，他起身離開。我什麼也沒吃，為這次浪費時間和缺乏尊重的面談火大走人。

壓力和挫折真正讓我有感，僅僅一次。那是在二〇〇五年一月，也就是流程開始後幾個月，我帶著六歲兒子麥克斯前往史塔波中心（Staples Center）觀看洛杉磯快艇隊比賽。在比賽過程中，我開始感到皮膚濕冷。我胸部收緊，覺得呼吸困難。我父母都是在五十歲時心臟病發作。我當時五十四歲，我知道那症狀。事實上，我一直擔心會遇到同樣情況。我一面肯定這就是了，另一面卻認為不可能會這樣。我吃得很好，每週鍛鍊七天，並定期接受檢查。我不可能心臟病發作，不是嗎？我在比賽中思索要不要叫緊急醫療救護人員，但又擔心會嚇壞麥克斯。

結果，我告訴他我胃不舒服，於是我們回家。當天下午，洛杉磯下著傾盆大雨，我幾乎看不見道路。我的心臟感覺好像胸部有個拳頭在擠壓一樣。我知道開著車讓兒子坐後座是件蠢事，我擔心自己犯了一個可怕的錯誤。不過，在當時，我只能想到自己需要回家。我駛入我們家車道，麥克斯跳下車，我立刻打電話給我的內科醫生丹尼斯・伊凡傑拉托斯（Dennis Evangelatos），然後打電話給一位友人，請他開車送我到丹尼斯家。丹尼斯很了解我，他知道我承受的壓力。他檢查了我的生命徵象，然後直瞪著我說：「你這是典型的焦慮症發作。鮑伯，你必須休息一下。」

這讓人鬆了一口氣，但也令人擔憂。我一直以為自己不受壓力影響，能在緊張狀態下保持專注和冷靜。這項流程的壓力讓我付出的代價甚至比我對自己所承認的還要大，更別說是對至親好友，而這件事本不應付出這麼大的代價。我離開丹尼斯那裡回到家，花了點時間審視即將發生的每件事。那是個不得了的工作，一個了不起的頭銜，但不是我要的生活。我要的生活是與威蘿和兒女們回紐約，跟我的父母、妹妹和朋友們在一起。所有這些壓力最終仍只是一份工作，我告誡自己要牢記這一觀念。

我唯一一次當著董事會面前失控，是在我最後一次和他們面談時。經過幾個月面談和陳述，他們又要求週日晚在帕薩迪納（Pasadena）一家飯店會議室再舉行一次會議。我到達時得知，當天下午他們在某位董事會成員的家裡，面談了eBay執行長梅格・惠特曼（Meg Whitman），當時她是僅存的主要競爭對手。（其他四位已退出或被淘汰。）到這時，我已受夠了整個流程。我無法相信還有什麼事情他們不知道，還有任何問題沒被一次又一次仔細回答。我希望流程到此為止。半年來公司一直前景不明，若再加上圍繞著麥可未來前途所造成的動盪，時間還更長。某些董事會成員並未意識到這一點，而我的忍耐已經到達極限。

最後這次訪談即將結束時，一直驅使我貶損麥可的董事會成員蓋瑞・威爾森再次問我：「請告訴我們，為什麼我們該相信你會不一樣。你認為麥可哪裡做錯了？你會有什麼不同做法？」這話觸痛了我的敏感神經，我當著董事會其他成員面前反擊他。「你在先前三次場合已問過我同樣的問題，」我力圖克制自己不要大吼：「我覺得這很令人反感，我不回答這個問題。」

會議室裡每個人都沈默不語，面談就這樣戛然而止。我起身離開，不瞧任何人一眼。我沒跟任何人握手，也沒感謝他們撥冗見我。我沒有通過自己施加的測驗，用耐心和尊重去承受他們對我扔過來的任何東西。當晚，喬治．米切爾和另一位董事會成員艾爾文．路易斯（Aylwin Lewis）分別打電話給我。「你或許沒有給自己造成無法彌補的傷害，」喬治說：「但也沒有給自己帶來什麼好處。」艾爾文較嚴厲。他說：「現在不是讓每個人看到你焦躁不安的時候，鮑伯。」

我對自己那天的表現並不開心，但我終究是人。無論如何，這時已覆水難收，而我覺得自己生氣有理。在與喬治談話結束時，我說：「拜託就做個決定吧。是時候了。公司正因為所有這一切而遭殃。」

現在我回首那段時間，我認為這是得來不易的一課，讓我了解堅韌和毅力的重要性，也有必要避免對自己無法控制的事情感到憤怒和焦慮。我只能再三強調，自尊受打擊在現實中時常發生，如何讓這事不在你心中占據太大位置並耗費你太多精力，非常重要。當每個人都告訴你，你很了不起，你很容易感到樂觀。當你感覺自己受到挑戰，而且是以如此公開的方式，樂觀就變得困難許多，但也更有必要。

接班流程是我職業生涯中首次正面迎戰這種程度的焦慮。要完全過濾掉與我有關的流言蜚語，或不被那些說我多麼不適任的公開談話所傷害，是不可能的。但透過堅強的自律和對家人的愛，我認識到我必須了解焦慮是怎麼回事（這跟我是誰無關），並將它擺放在適當位置。我可以控制所做的事情以及如何表現自己。其他一切都超出我所能掌控的範圍。我不是時時刻刻都能維持這種態度，但我能做到不讓自己深陷焦慮。

❀

二〇〇五年三月的一個星期六，董事會召開會議準備做決定。大多數成員獲邀與會。麥可．艾斯納和喬治．米切爾一起前往ABC在紐約的一間會議室。

那天我早上醒來，心想我或許已說服足夠的「未定」董事會成員將這份工作給我，但是當我想到整個流程中所有那些戲劇性情節和審查時，覺得他們可能會另有想法，某些持懷疑態度的人會強力爭辯要有所改變，他們會提名一位局外人。

我和兩個兒子一起度過了這一天，試圖分散自己的注意力。麥克斯和我一起玩球，吃午餐，並在他最愛的社區公園裡逗留了一小時。我告訴威蘿，如果傳來的是壞消息，我會開著車，展開我夢寐以求的橫越美國之旅。對我來說，獨自一人跨越整個國家，就跟上天堂一樣。

會議結束後，喬治．米切爾和麥可．艾斯納分別從家裡打電話給我。那時威蘿和我在我們共享的辦公室裡。他們告訴我，執行長一職歸我了，第二天就會宣布。我感謝麥可來電。我知道他必定很痛苦。他全心投入這份工作，還沒準備好要放手，但如果必須由別人接任，我相信他會很開心那個人是我。

我也感謝喬治在整個流程中對待我的方式。若不是他，我不認為我會得到董事會其他成員公平的待遇。

我還要大大感謝威蘿。沒有她的信心、智慧和支持，我不可能做到。當然，她一直為我加油，但她也一次次提醒我，這不是我這一生和我們生活中最重要的事。我知道她說的沒錯，但要把她的話記在心裡需要一番工夫，她幫我做到了。講完電話後，威蘿和我安靜地坐了一會兒，盡情享受這一刻。我心裡有一份想要馬上打電話的名單，我克制伸手去撥號的衝動，試著保持冷靜，稍稍吸了口氣，讓自己不要太過亢奮和放鬆。

終於，我打了電話給住在長島的父母。他們可能有點不信，但還是為自己兒子即將掌管華特・迪士尼創建的公司感到驕傲。接著，我打電話給我在紐約的兩個女兒以及我在首都城市的老東家丹恩・博科和湯姆・墨菲。然後我打給史帝夫・賈伯斯。打這電話很奇怪，但我覺得跟他聯繫很重要，說不定日後仍有可能挽救我們與皮克斯的關係。

那時我幾乎不認識史帝夫，但我想讓他知道隔天將宣布我是公司下一任執行長。他的回答大致是：「好吧，這對你來說很酷。」我告訴他我很想見他，並試著讓他相信我們可以合作，情況可能會有所不同。而他就是典型的史帝夫。「你為麥可工作多久了？」

「十年。」

「哦，」他說：「好吧，我看不出情況會有什麼不同，不過，當然，塵埃會落定，保持聯繫。」

| 第2部 |

領導

第8章

尊重的力量

從我獲得任命到麥可離開迪士尼，有六個月等待期。對於公司日常經營，我必須關注的事情很多，但我很想喘口氣，在經歷漫長的接班流程後花點時間來整理思緒。我認為上任的「頭一百天」會從麥可走出公司大門開始起算，在那之前我還可以稍微避人耳目，耐心和有條不紊地從事我的規畫。

我大錯特錯。人事公告發布後，新聞界、投資界、整個產業、迪士尼員工，每個人都在問同樣的問題：你整頓公司的策略是什麼？多快能夠實施？鑑於公司的歷史以及麥可所帶來引人矚目的轉變，迪士尼一直是世界上受到最嚴格檢驗的公司之一。過去幾年，我們經歷了非常公開的鬥爭，引發外界對我個人和我會怎麼做的好奇。許多持懷疑態度的人仍認為我只是臨時執行長，是董事會從外面找來一位明星前的備胎。各方好奇心雖然高，期望卻很低，我很快了解到我需要確定我們的方向，並在任期正式開始前完成一些重要事情。

執行長等待期的第一週，我通知幾位貼身顧問——湯姆．史塔格斯，他現在是財務長；法務長艾倫．布拉弗曼；以及傳播長澤妮亞．穆哈來我辦公室，我們列出未來六個月要完成的最重要一些事。「首先，我們必須設法與洛伊握手言和，」我說。在麥可被迫下台這件事上，洛伊．迪士尼在某種程度上感覺自己做得很對，但他對董事會行動不夠迅速耿耿於懷，他也批評董事會決定給我這份工作，尤其是在我公開發言挺麥可之後。我不相信洛伊在這個節骨眼上還能對我造成多大傷害，但我認為對公司形象而言，不要跟迪士尼家族的成員繼續糾纏很重要。

「其次，我們必須設法挽救與皮克斯和史帝夫．賈伯斯的關係。」從財務和公關的角度來看，結束與皮克斯的合夥關係對迪士尼是一次沈重的打擊。在當時，賈伯斯在科技、商業和文化領域裡是全世界最受尊敬的人之一，他對迪士尼的排拒和令人難堪的批評是如此大刺刺，若能修復雙方關係對我來說將是旗開得勝。另外，皮克斯現在是動畫產業的標竿，雖然我還沒完全搞清楚迪士尼動畫的狀況有多糟，我知道只要重拾夥伴關係，對我們的業務會有好處。我也知道，像賈伯斯這麼倔強的人肯接受某些事情的機率微乎其微。但我必須試試。

最後，我需要展開行動，改變我們做決策的方式，這意味著要重整「策略規畫」這個部門，改變其規模、影響力以及任務。假如前兩個優先事項主要與公眾對我們的看法有關，那麼這件事就是從內部轉變對公司的看法。這需要一段時間，且「策略規畫」肯定會憤怒和抗拒，但我們必須開始重新調整組織結構，將制定策略的責任盡早歸還給各部門。我希望，我們若能夠減少「策略規畫」對我們所有部門的控制，便能逐漸恢復公司的士氣。

首先是要與洛伊．迪士尼和解。不過在我甚至還未能聯繫到他以前，和平的前景就破滅了。在我升遷的公告發布後幾天內，洛伊和史丹利．戈德便以他們所謂的「接班流程涉弊」，具狀控告董事會。這是個荒謬的指控，他們說有人幕後操控，我已被內定接這職位，但這事也勢必成為一個重大干擾。我甚至還沒開始工作，就已遇到第一個危機：一件醜陋、公開的訴訟，挑戰我擔任執行長的合法性。

我決定親自打電話給史丹利，而非透過律師，看看他是否願意坐下來談。一直到他和洛伊二〇〇三年秋辭職前，史丹利和我曾一起擔任董事會成員。過去幾年，我明顯感受到史丹利不尊重我，但我想他至少願意聽我把話說完。他比較務實，不像洛伊那麼情緒化，我想我也許能讓他知道與迪士尼打一場漫長的官司對誰都沒有好處。他同意談談，於是我們在他所屬的鄉村俱樂部見面，那裡離迪士尼總部不遠。

我一開始便向史丹利講述我剛經歷過的嚴酷考驗：多次面談、外部獵才公司介入、董事會考慮眾多人選，六個月持續不斷的公眾檢驗。「這是個完整徹底的流程，」我說：「他們花了很多時間才做出決定。」我想讓史丹利明白他的訴訟毫無優勢，不太可能成功。

他對我還是老調重彈，像念經一樣再次提到他和洛伊對麥可以及對公司過去幾年經營方式的批評。我沒跟他爭辯，只是聽他念完，然後重申所有這些都已經過去，董事會的流程是合法的。談到後來，史丹利不再那麼好辯。他提到，這種敵意大都是因為麥可引用了我們退休年齡的規定，要逼他離開董事會，儘管洛伊提前辭職以示抗議，但卻受了傷害，覺得自己不受尊重。史丹利說，這個被洛伊當成是家的地方，跟他的關係已被切斷。洛伊指責董事會在他率先發起撤換麥可的行動時，不聽他的意見。他們最終換掉了麥可，但洛伊覺得自己也為這一切付出了不公平的代價。

我們結束談話時，史丹利說：「你要是能提出任何讓洛伊回去的辦法，我們會放棄訴訟。」我從未想到他會說得這麼明白，會面之後，我立刻打電話給喬治．米切爾。喬治也很想讓這件事快點落幕，他要求我找出解決方法。我打電話給史丹利，告訴他我想直接跟洛伊談談。我並不抱希望，但確信唯一的出路就是面對面消除隔閡。

洛伊和我在同一間鄉村俱樂部見面。這是一次坦率但不是特別愉快的對話。我告訴他，我很清楚他對我的不屑，但要求他接受現實，就是我已被任命為執行長，且流程中沒有人搞鬼。「洛伊，」我說：「我若是搞砸了，排著隊要砍我腦袋的人會比你和史丹利多許多。」

他則表明，如果他認為公司沒有朝正確的方向前進，他樂於繼續跟公司鏖戰，但他也顯露出我從未見過的脆弱一面。脫離公司讓他很痛苦，而正在進行的戰鬥看似令他疲憊不堪。自離開董事會兩年以來，他蒼老了許多，他以一種過去未曾有過的方式，讓我驚覺到他的窮困和脆弱。我懷疑所有這些是不是一個更大的內心掙扎的一部分。事實上，與洛伊不和的不是只有麥可，除了史丹利，迪士尼內部沒有多少人對他表現出他自認為應得的尊重，包括他已過世多年的叔叔華特。我過去從未跟洛伊有任何真正的聯繫，但現在我發現他內心的脆弱。讓他感到被藐視或遭到侮辱，沒有任何好處。他只是個希望得到尊重的人，而獲得尊重對他來說從來就不容易。這件事關乎個人，牽扯太多驕傲和自尊，他這場戰鬥已持續了數十年。

當我從這個角度看洛伊，我開始思考也許有一種辦法可以安撫他，讓這場戰鬥停止。不過，無論我怎麼做，我不希望他跟我或公司靠得太近，免得他嘗試在公司內部製造事端。我也不同意做出任何被視為對麥可不敬的事，或看起來好像洛伊對他的批評有理，因此需要取得微妙的平衡。我打電話給麥可，向他解釋我的窘況並詢問他的建議。他聽到我向洛伊伸出橄欖枝不大高興，但他承認跟洛伊和平相處很重要。「我相信你會做正確的事，」他說：「但不要讓他得寸進尺。」

我再次聯繫史丹利，並提出以下建議：我會給洛伊董事會一個榮譽退休的角色，並邀請他出席電影首映禮、主題樂園開幕典禮和公司特別活動。（然而他不會參加董事會會議。）我還給了他一小筆顧問費，並在總部為他安排了一間辦公室，讓他能進出公司，再次把迪士尼稱為他的家。而作為交換條件，他不會提訴訟，不會公開宣布勝利，也不會再放話批評。當史丹利說我們應在二十四小時內起草協議時，我既驚又喜。

就這樣，我被任命為執行長後即面臨的一場危機，獲得了解決。有些人可能認為與洛伊和史丹利達成和解是投降讓步，但我知道真相，這遠比人們所想的更有價值。

當人們談論企業接班問題時，某件事往往未得到足夠的重視，那就是：不要讓你的自尊妨礙做出最佳決策的可能性。與洛伊的這齣戲強化了這件事。當洛伊和史丹利控告董事會選擇我擔任執行長時，我很不舒服，我當然可以跟他們對抗並取得勝利，但這會讓公司付出巨大代價，且會讓人大大分心，無法專注於真正重要的事。我的職責是讓公司走上新的道路，而第一步是化解這種不必要的爭鬥。最簡單且最有效的辦法是了解洛伊究竟需要什麼，那就是受到尊重。這對他來說很寶貴，卻不需花費我和公司多少錢。

一點點的尊重會有很大助益，少了它往往代價高昂。接下來幾年，在我們進行幾次令公司改頭換面和重振聲威的重大收購時，這個簡單、看似老套的概念與處理世上所有資料情報一樣重要：你若能以尊重和同情來對待和與人交往，看似不可能的事就會實現。

與洛伊簽署和平協議之後，我下一個任務是研究有沒有可能修復迪士尼與史帝夫・賈伯斯和皮克斯的關係。在我打電話通知史帝夫我被任命為執行長兩個月後，再次跟他聯繫。我最終目標是要設法除掉與皮克斯之間的嫌隙，但我不能一開始就提這個要求。史帝夫對迪士尼的敵意太深。他和麥可之間的裂痕是兩個固執己見的人彼此間的衝突，兩人領導的公司命運正朝不同的方向發展。當麥可批評科技產業對內容不夠尊重時，史帝夫受到侮辱。當史帝夫暗示迪士尼在創造力方面不值一文時，麥可受到侮辱。麥可一輩子都是個很有創造力的主管。史帝夫則相信，因為他經營皮克斯動畫工作室，所以他懂更多。迪士尼動畫開始更進一步走下坡時，史帝夫對麥可變得更傲慢，因為他覺得我們更需要他，而麥可痛恨史帝夫得了便宜還賣乖。

這些事都與我無關，但這不重要。史帝夫在眾目睽睽下終止與我們的夥伴關係並痛斥迪士尼，我只要求他改變一下想法，對他來說太簡單了。但事情不可能那麼容易。

不過，我有一個與皮克斯無關的想法，我認為他可能感興趣。我告訴他我熱愛音樂，我把自己所有的音樂都儲存在我平常使用的iPod裡。我一直在思考電視的未來，在我看來，人們用電腦看電視節目和電影只是時間的問題。我不知道行動通訊技術發展有多快（iPhone兩年後才問世），所以我那時想的是一個iTunes電視平台。「想像一下你可以在電腦上收看歷來所有的電視節目，」我說。你如果想看上週的《LOST檔案》（*Lost*）或《我愛露西》（*I*

Love Lucy）第一季某些內容，悉聽尊便。「想像一下，只要你想看，可以隨時將《陰陽魔界》（*Twilight Zone*）每一集再看一遍！」我確信這樣的日子就要到來，我希望迪士尼走在潮流前面，而我認為最好的辦法就是說服史帝夫相信我對他所描述的「iTV」構想必定會實現。

史帝夫沈默了片刻，最終說道：「回頭我再來跟你談這個，我正在做某樣東西，我想給你看看。」

幾星期後，他飛到伯班克，前來我的辦公室。史帝夫望了一眼窗外，就天氣簡單說了幾句，算是閒聊，然後立刻開始談論手頭上的工作，確切來說，這是他當天早上所做的事。「這個你不能告訴任何人，」他說：「但是你所談到的電視節目，正是我們一直在構思的。」他慢慢從口袋裡拿出一個裝置，乍看之下，就像我一直在使用的iPod。

「這是我們新的影音iPod，」他說。它的顯示器大小只有幾張郵票，但他在談它的時候，彷彿它是ＩＭＡＸ電影院。「這可以讓人用我們的iPod看影片，而不只是聽音樂，」他說：「如果我們在市場上推這個產品，你會把你們的電視節目放上去嗎？」

我馬上回答，會。

史帝夫所做的任何產品展示都很強有力，而這是一次個人展示。當我盯著這個裝置時，我能感受到他的熱情，我也深刻感覺到自己手握著未來。把我們的節目放到他的平台上可能有點複雜，但此刻我的直覺告訴我，這是正確的決定。

史帝夫做事喜歡大刀闊斧，而我想提醒他，跟迪士尼打交道可能會有所不同。他的許多挫折感裡頭有一項是，想跟我們完成任何事情，往往很困難。每個協議都需要經過審查，並且每道細節都需要進行分析，但這不是他工作的方式。我想讓他明白，我做事情也不是那樣，現在我有權做決定，我希望共同勾勒出這個未來，並快點進行。我想，假如他尊重我的直覺和我冒險的意願，那麼也許，只是也許，皮克斯的大門可能再次打開。

所以我再次告訴他，會，算我們一份。

「好吧，」他說。「如果還有其他要討論的，我會跟你聯絡。」

那年十月，即首次對話之後五個月（我也正式就任執行長兩個星期），史帝夫和我一起登上蘋果發表會的舞台，宣布迪士尼五部電視節目，包括三部迪士尼最熱門的電視影集《慾望師奶》（*Desperate Housewives*）、《LOST檔案》和《實習醫生》（*Grey's Anatomy*），現在可以在iTunes下載，也可以用安裝了影音播放軟體的新iPod收看。

基本上，我是親自談妥這筆交易，ABC總裁安妮．史威妮（Anne Sweeney）提供了協助。我們輕鬆且迅速完成這項工作，加上這件事給足了蘋果公司及其產品面子，讓史帝夫非常驚訝。他告訴我，在娛樂產業圈子，他從未見過任何人願意嘗試去做可能破壞自己公司業務模式的事情。

那天我走上台宣布我們與蘋果恢復夥伴關係時，聽眾起先很困惑，心想，為什麼迪士尼新來的這傢伙會跟史帝夫在一起？唯一的理由只有一個。我沒有劇本，但我首先說道：「我知道你們在想什麼，但我不是為那件事來這裡！」現場傳出笑聲和感嘆聲。沒有人比我更期待見到我們能做出那樣的宣布。

❀

二〇〇五年三月我獲得任命之後幾天，我的行事曆上出現一個會議預告，內容與我們即將在香港開幕的主題遊樂園門票價格有關。要求開會的通知來自「策略規畫」主管彼得・墨菲的辦公室。我打電話給負責經營遊樂園和度假村的人，問他是誰要開會。

「是彼得，」他說。

「彼得要召開有關香港門票價格的會議？」

「是。」

我打電話給彼得，問為什麼。

「我們必須確保他們在做正確的事，」他說。

「假如他們不知道該如何定價，就不該坐那個位子，」我告訴他：「但如果我們認為他們應該擔任那個職務，他們就應該負責定價。」我取消了會議，雖然這不是非常大不了的一刻，但卻是我們所知的「策略規畫」結束的開始。

彼得腦筋一流，敬業態度幾乎無人能及，且就像我曾經提到的，隨著公司成長，麥可幾乎全仰仗他一個人。彼得鞏固並保護他快速壯大的力量。他的技巧和才智往往使他對其他高層領導不屑一顧，結果他們當中許多人對他既害怕又厭惡，形成了一個緊張而功能日漸失調的動態。

就我所知，過去並非一直是那樣。當麥可與弗蘭克．威爾斯在一九八〇年代中期接掌公司經營時，他們創設了「策略規畫」，來幫助他們找出和分析一系列新的商業機會。在弗蘭克於一九九四年去世，以及九五年迪士尼收購首都城市／ABC之後，麥可需要人協助他管理新擴張的公司。在缺乏明確副手的情況下，他主要依靠「策略規畫」來幫助他做出決策並控管迪士尼的各項業務。我承認他們所做貢獻的價值，但我也看到，他們的規模和力量逐年增長壯大，到了過頭的地步，他們影響力越大，我們個別業務的負責人就越沒有權力。麥可任命我為營運長時，「策略規畫」約有六十五人，他們已接管全公司幾乎所有重要業務的決策權。

我們所有高層業務主管都知道，他們所負責的部門——遊樂園和度假村、消費產品、華特迪士尼影業集團等等——策略決定實際上並非由他們來做。權力全集中在伯班克這個單一部門，彼得和他的人馬更常被視為一支內部警察部隊，而不是我們業務的夥伴。

從許多方面來看，彼得是個未來學家。他覺得我們的業務主管屬於老派經理人，想法充其量只是依據現況而有所差異。這一點他並沒有錯。在當時公司裡有許多人不具備彼得及其團隊所展現的分析能力和進取態度。不過，你不能流露出對別人的鄙視。你最終不是威嚇他們屈服，就是讓他們感到挫折而安於現狀。兩者無論是哪個，都會削弱他們在工作中所得到的自豪。隨著時間過去，幾乎每個人都把責任讓渡給彼得和「策略規畫」，麥可則對他們所代表的嚴謹分析甚感寬慰。

然而在我看來，他們往往過於審慎，會讓每個決定經歷過度的分析。這群天才篩選每一筆交易以確保對我們有利，但不論得到什麼收穫，我們常常錯失採取行動的時機。這並不是說研究和審議不重要。你必須做功課。你必須做好準備。如果沒有建立必要的模型來幫助你確認一項交易是否正確，當然無法進行重大的收購，但你也必須認識到，永遠不會有百分百的確定。無論你取得多少資料，最終仍會有風險，而決定要不要承擔這種風險，取決於一個人的本能。

彼得和他的分析師做過許多公司的決策，他認為這個系統沒問題。與此同時，我們周遭的企業正在適應瞬息萬變的世界。我們需要改變，我們需要更靈活，而且我們需要盡快做到。

有關香港門票定價那次意見交換後大約一星期，我把彼得叫進辦公室，告訴他我正打算重組「策略規畫」。我說我想要大幅縮減該群組的規模，並藉由將更多決策權交給業務主管來簡化我們的決策過程。我跟他都知道，我對這個單位的未來想法並不適合他，留下他也沒什麼道理。

跟他談過之後不久，我起草了一份新聞稿，表示彼得將要離職，「策略規畫」正在進行重組，接著我便著手拆解這個群組，將員額從六十五人減少至十五人。我的財務長湯姆·史塔格斯提議將曾是該群組成員，幾年前離職的凱文·邁爾（Kevin Mayer）找回來，管理這個已精簡和重新定位的團隊。凱文將對湯姆負責，他和他的新團隊將專注於潛在的收購計畫，且明令任何收購行動都必須為我們三個核心優先要務效力。

在我正式接掌公司前的六個月裡，重組「策略規畫」成了最具意義的成就。我知道這樣做會有立竿見影的效果，當宣布他們不再緊抓住我們業務的所有層面，對士氣產生強大、立即的影響。這就彷彿所有窗戶都被打開，新鮮空氣突然流竄進來。就像當時我們一位高層主管告訴我的：「假如迪士尼各處都有教堂鐘塔，那麼鐘聲會噹噹響起。」

| 第9章 |

迪士尼和皮克斯攜手通往新未來

與史帝夫．賈伯斯談論將迪士尼電視節目放入新iPod的那幾個月，迪士尼與皮克斯就新交易進行討論的可能性漸漸浮現。史帝夫態度有所軟化，但也只有一些些。他願意談，但他提的任何新協議版本仍一面倒地對皮克斯有利。

我們幾次談及協議會是什麼樣子，但不了了之。我請湯姆．史塔格斯參與討論，看看他能否取得進展。我們還邀請高盛的吉恩．賽克斯（Gene Sykes）當牽線人，我們信得過他，他跟史帝夫也很熟。我們透過吉恩，向史蒂夫提出了一些不同想法，但史帝夫文風不動。他抗拒的原因並不複雜。史帝夫愛皮克斯，他才不管你迪士尼，任何協議得讓他們擁有巨大優勢，他才願意考慮，對我們來說卻代價高昂。

有一項提議是，我們把雙方已共同發行片子製作續集的寶貴權利讓給皮克斯，好比《玩具總動員》、《怪獸電力公司》和《超人特工隊》（*The Incredibles*），以換取他們公司一〇%的股份。我們會獲得董事會席位，有權發行所有新的皮克斯電影，並有盛大記者會宣布迪士尼和皮克斯將繼續作為合作夥伴。不過，財務價值有很大比例歸皮克斯。他們可以製作以皮克斯為品牌的原創影片和續集，並永久持有，而我們的職責基本上是被動充任發行人。我拒絕過一些類似的提議。每一輪談判之後湯姆和我會互看對方，問自己是不是瘋了，竟不想和賈伯斯達成任何交易，但我們很快得出結論，我們達成任何交易，都必須具有長遠的價值，記者會公告內容並沒有給我們這個。

現實情況是，賈伯斯擁有全世界所有的優勢。皮克斯這時已成為創新和製作精緻動畫電影的標竿，他似乎從不擔心離我們而去會怎樣。我們唯一討價還價的籌碼是，我們有權在沒有他們的情形下，製作那些早期合作電影的續集。事實上，兩年前雙方談判破裂後，我們已在麥可領導下開始發展部分內容。賈伯斯知道，以迪士尼動畫的狀況，我們很難做出真正偉大的東西，他幾乎是逼著我們做這樣的嘗試。

二〇〇五年九月三十日，麥可在他服務了二十一年的公司最後一天擔任執行長。這是個悲傷、難堪的日子。他離開後，與迪士尼不再有任何瓜葛——沒有董事會席位，也不具備榮譽或諮詢的角色。一時間讓人難以適應。他對我很客氣，但我能感受到我們之間的緊繃氣氛。儘管過去這些年日子很難過，麥可並不想離開，我不曉得該說什麼。

我與澤妮亞．穆哈，湯姆．史塔格斯、艾倫．布拉弗曼短暫會面，告訴他們我覺得「最好是隨他去」。所以我們恭敬地與他保持距離，讓他有點隱私可以按自己的方式離開。麥可的妻子珍和一位兒子前來吃午餐，當天稍晚，他最後一次開車走人。我無法想像他會有什麼感受。二十多年前他來到這裡並拯救了公司，而今他開著車離去，知道自己的時代已經結束，這個被他打造成全世界最大娛樂公司的地方，將在沒有他的情況下繼續前進。當時有一刻，我曾想到，這個長期附著在你身上的頭銜和角色沒了，還真難知道你究竟是誰。對他我深感同情，但我知道我沒辦法讓他好過一些。

三天後，即十月三日星期一，我正式成為華特迪士尼公司的第六任執行長。在我的職業生涯裡，我第一次只需向董事會報告，經過漫長的接班流程和六個月等待期，我即將主持首次董事會會議。在大多數董事會會議召開前，我會要求所有業務主管提供他們所負責業務的最新資訊，好讓我能夠向董事會報告業務績效、重要議題以及挑戰和機遇。不過，在這第一次會議上，我的清單只列了一個項目。

會議開始前，我要求我們的動畫工作室主管迪克．庫克（Dick Cook）和他的副手艾倫·伯格曼（Alan Bergman）整理一份關於迪士尼動畫過去十年的報告：我們發行的每部影片，各自的票房收入……等等。他們兩人都很擔心。迪克說：「那會很難看。」

「數字很可怕，」艾倫補充道：「對你來說這可能不是最好的開場。」

無論報告內容多麼令人沮喪，甚至令人火大，我告訴工作室團隊不用擔心。然後，我請湯姆·史塔格斯和凱文·邁爾針對我們最重要的客戶群，就是那些有十二歲以下小孩的母親，如何看待迪士尼動畫和競爭對手，做些研究。凱文也說，這不會是個好故事。「沒關係，」我告訴他：「我只是想對我們所處的位置做個坦率的評估。」

這一切都是為了一個激進的想法而做的，除了湯姆，我並未和其他人分享過這個想法。一個星期前，我問他：「你覺得我們買下皮克斯公司如何？」

他以為我在開玩笑。我告訴他我很認真，他說：「史帝夫絕不可能會賣給我們。就算他願意，那價格恐怕不是我們付得起的，或者說董事會可不會願意支付。」他或許說的對，但不管怎樣，我還是想向董事會提這個構想，為此，我需要一份坦白、詳細的報告，說明迪士尼動畫目前的狀況。湯姆很猶豫，一來他想保護我，再來，身為財務長，他要對董事會和我們的股東負責，這就意味著他未必總是贊成執行長的想法。

我以執行長身分召開的第一次董事會會議是在傍晚舉行，我和其他十位董事會成員在會議室圍著一張長桌就座。我能嗅到期待的氛圍。對我來說，這是我一生中最重要的會議之一。對他們來說，這是二十多年來，他們第一次聽取一位新任執行長做報告。

過去十年，董事會經歷許多事：痛苦結束麥可的任期，與洛伊和史丹利持續對抗，康卡斯特嘗試敵意併購，股東為了邁克爾．奧維茨逾一億美元的資遣協議興訟，傑弗瑞．卡森伯格一九九四年為其離職條件與我們對簿公堂，其他還有不少。他們承受了很多批評，隨著接班流程和過渡期展開，他們和我一起受到仔細檢驗。這是個高度緊繃的環境，因為他們很快就會因決定給我這份工作而受到評判，他們知道仍有很多人不以為然。他們當中某些人（二或三位，不過我永遠無法確定是誰）直到最後都反對任命我。儘管投票最終獲得一致通過，我走進會議室時，知道在座有人並不預期或希望我在那個位子上待太久。

喬治．米切爾在會議一開始簡短、懇切地說明此時此刻的重要性。他對我終能「熬過流程」表示祝賀，隨即交由我發言。我興致勃勃，渴望立刻觸及問題的核心，所以我跳過那些客套話，直接說道：「大夥兒都知道，迪士尼動畫真的一團糟。」

這事他們過去已有耳聞，但我知道的實際情況遠比他們之中任何一位所了解的還要糟。在報告我們準備的財務和品牌研究之前，我回顧了幾個星期前香港迪士尼樂園開幕時的某個時刻。這是麥可擔任執行長最後一次重大活動，我們當中有些人前往香港參加開幕式，那天下午舉行開幕式時，陽光刺眼，高溫達華氏九十五度（攝氏三十五度）。開幕遊行隊伍通過園區內的美國小鎮大街時，湯姆．史塔格斯、迪克．庫克和我站在一起。花車一輛接一輛從我們眼前經過，其中有載著迪士尼傳奇影片人物的花車：白雪公主、灰姑娘、小飛俠彼得潘等等，還有麥可任內前十年賣座影片《小美人魚》、《美女與野獸》、《阿拉丁》和《獅子王》中的角色。有些花車上的角色來自皮克斯的影片：《玩具總動員》、《怪獸電力公司》和《海底總動員》。

我轉頭問湯姆和迪克：「這次遊行你們可有注意到什麼？」兩人默默無言。我說：「過去十年幾乎沒有半個迪士尼角色。」

我們可以花幾個月時間分析哪裡出了問題，但事實就擺在我們眼前。那些電影不好，這就意味著角色並沒有受人歡迎或令人難忘，這對我們的業務和品牌造成重大影響。迪士尼是建立在創造力、創新的說故事能力以及卓越的動畫實力基礎上，而我們最近的影片鮮少能與傳說中的過去相媲美。

我向董事會描述完狀況之後，關上燈。我們將迪士尼動畫過去十年的影片列表投影在布幕上，會議室安靜下來：《鐘樓怪人》、《大力士》、《花木蘭》、《泰山》、《幻想曲2000》、《恐龍》（*Dinosaur*）、《變身國王》（*The Emperor's New Groove*）、《亞特蘭提斯：失落的帝國》、《星際寶貝》、《金銀島》、《熊的傳說》以及《放牛吃草》。有些票房還可以，有幾部則是災難。沒有任何一部獲得如潮的好評。在那段時期，迪士尼動畫虧損近四億美元。我們砸下十億多美元製作這些片子，並積極推銷，但我們投資得到的報酬卻少得可憐。

在同一時期，皮克斯在創意和商業方面取得一次又一次成功。技術上，他們正在用迪士尼才剛涉足的數位動畫進行作業。更深入來看，他們正用強有力的方式與父母和孩子們建立聯繫。描述完黯淡的財務圖像後，我請湯姆報告我們的品牌研究結果。在有十二歲以下小孩的婦女中，皮克斯超越迪士尼，成為母親們認為「有益於他們家庭」的品牌。在一對一的比較中，皮克斯受寵愛的程度更是狠甩迪士尼。這時我注意到有些董事會成員互相竊竊私語，並感覺到某種憤怒的氣氛正在醞釀。

董事會知道迪士尼動畫一直在苦苦掙扎，他們當然知道皮克斯正大放異彩，但現實未曾如此嚴酷地呈現在他們眼前。他們過去不曉得這數字那麼糟，也從未想過要做品牌研究。我報告完後，其中幾人猛撲了過來。在選才過程反對我最力的蓋瑞·威爾森說：「在那些年，你幹了五年營運長，你不用負責嗎？」

我若辯駁，沒什麼好處。「首先，迪士尼和麥可跟皮克斯建立了關係，這一點值得大大表揚，」我說：「合作並非一帆風順，但仍成就了一些了不起的事。」我告訴他們，收購ABC之後，公司管理變得更具挑戰性，以致迪士尼動畫得不到足夠的關注。我們動畫公司的高層主管職位換來換去，讓問題更加惡化，他們沒有一個人在各自掌管的部門做得特別出色。然後我重申我在整個接班流程中多次講過的話：「不能再扯過去。對那些缺乏創意的決定和令人失望的電影，我們無能為力。但我們可以做許多事來改變未來，我們需要從現在就開始。」

我向董事會指出：「迪士尼動畫要發展，公司也要發展。」從許多方面看，迪士尼動畫就是品牌。它是推動我們許多其他業務發展的燃料，包括消費產品、電視節目和主題遊樂園，過去十年，這個品牌蒙受了不少損失。在收購皮克斯、漫威和盧卡斯影業之前，公司規模小很多，因此迪士尼動畫受到的業績壓力比現在大得多，它的表現不僅代表品牌，而且要推進我們幾乎所有的業務。「要找出解決之道，我感受到極大壓力，」我說。我知道股東和分析師不會給我寬限期，他們評判我的第一件事，就是我是否具備扭轉迪士尼動畫命運的能力。「要我解決這個問題的戰鼓，已經響徹雲霄。」

接著，我描述我所看到的三個可能前進路徑。首先是繼續支持現有的管理層，看看他們能否扭轉局面。從他們迄今已交出的成績，我很快對這個選項表示懷疑。其次是尋找新人才來經營這個部門，但從我被任命以來的六個月內，我搜遍了動畫和電影製作界，尋找我們所需要足堪大任的人，結果空手而回。「或者，」我說：「我們可以收購皮克斯。」

這個想法引來爆炸性的回應，要是當時我拿著一支木槌，我會敲它來恢復秩序。

「我不知道他們是否要出售，」我說：「如果他們要賣，我確信價格會非常高昂。」作為一家上市公司，皮克斯的市值超過六十億美元，史帝夫．賈伯斯持有該公司一半股份。「史帝夫也不太可能想賣。」所有這些似乎讓一些董事會成員鬆了口氣，但這也激起其他人針對是否有任何情況可以證明我們應該花數十億美元買他們，展開長時間的討論。

「買下皮克斯，可以讓我們延攬約翰．拉薩特（John Lasseter）和艾德．卡特莫爾（Ed Catmull）進入迪士尼，」我說。這兩人和史帝夫．賈伯斯一樣，都是皮克斯很有遠見的領導人。「他們可以繼續經營皮克斯，同時振興迪士尼動畫。」

「難道我們不能只雇用他們？」有人問。

「拿約翰．拉薩特來說，他跟皮克斯簽有合約，」我答道：「但他們也跟史帝夫和他們在那裡建造的一切密不可分。他們對皮克斯、對那裡的人以及使命萬分忠誠。若以為我們可以雇用他們，太天真了。」另一位成員建議，我們只要把一輛裝滿鈔票的卡車開到他們家門口不就得了。「這些人不能用那種方式買到，」我說：「他們不一樣。」

會後，我立刻找來湯姆和迪克，聽聽他們對這次報告的印象。湯姆說：「我們不認為你能保住官位全身而退。」他聽起來像在開玩笑，但事實上我知道他不是。

當天晚上我回到家時，一進門威蘿便問我情況如何。在此之前我甚至沒告訴她我正在計畫什麼。「我告訴他們，我認為我們應該買下皮克斯。」我回答。

她盯著我，好像我瘋了一樣，接著便加入眾人的行列，說：「史帝夫永遠不會賣你。」但隨後，她提醒我一段在我獲得這份工作後不久告訴我的話：「財星五百大企業的執行長，平均任期不到四年。」在當時，那是我們之間的一個玩笑話，為的是確保我為自己所設的期望符合現實。不過現在，她用一種反正快速行動不會有什麼損失的語氣對我說話。「大膽一點，」這是她所給建議的精髓。

至於董事會，有些人強烈反對這個想法，且把話講得很明白，但已有足夠的人感興趣，他們給了我稱之為「黃燈」的訊號：繼續前進，探索這個想法，但要謹慎進行。整體而言，他們結論認為這件事不可能發生，但不妨讓我們探索一番來自娛自樂。

第二天早上，我交代湯姆開始就財務狀況進行徹底分析，但也告訴他不急。我打算當天稍晚試著向史帝夫提這個想法，我猜很有可能在幾小時內成為一場幻夢。我花了整個上午提起勇氣想打這通電話，後來拖到下午才打。我沒聯絡上他，這讓我鬆了口氣，但在下午六點三十分左右我離開辦公室開車回家時，他回了我電話。

這時距離我們發布影音iPod大約還有一個半星期時間，我們花了幾分鐘討論那件事，而後我才說：「嘿，我有另一個瘋狂的主意。我可以在一兩天後來跟你討論嗎？」

我還沒完全了解史帝夫有多喜歡激進的想法。「現在就告訴我，」他說。

我邊講電話，邊駛入家門前車道。那是十月間一個溫暖傍晚，我關掉引擎，熱氣加上神經緊繃讓我直冒汗。我提醒自己威蘿的建議：大膽一點。史帝夫可能立刻說不。他也可能認為這個想法太過傲慢而感到生氣。我怎麼膽敢認為皮克斯是迪士尼想買就買的東西？不過就算他告訴我別做夢了，然後掛掉電話，我大不了回到原點，不會有什麼損失。「我一直在思索我們各自的未來，」我說：「你認為迪士尼收購皮克斯這個想法如何？」我等著他掛電話或大笑。在他回應前，是一陣很長時間的靜默。

與我所想的相反，他說：「你知道嗎，這不是世界上最瘋狂的想法。」

我已經抱定被拒絕的念頭，而現在，即使理智上我知道我的想法距離開花結果還有上百萬道障礙，但只要有可能，我仍感到腎上腺素激增。「好，」我說：「非常好。我們什麼時候可以再談？」

❀

人們有時會迴避進行重大的嘗試，因為他們會評估有多少勝算，甚至在他們邁出第一步之前，就先提出反對這項嘗試的理由。我一直有一種直覺，這直覺在為魯恩和麥可這樣的人工作後得到極大的強化，就是那些勝算不大的事情常常沒有想像中困難。魯恩和麥可都相信自己的力量以及組織的能力，可以讓夢想成真——只要有足夠的精力、深思熟慮和堅守承諾，即使最大膽的想法也可以得到執行。在我接下來和史帝夫對話時，我試著採用這樣的思維方式。

車道上那通電話講完之後幾週，他和我在加州庫帕提諾（Cupertino）的蘋果公司董事會會議室見面。那是一間很長的會議室，當中有一張差不多長的桌子。一面牆是玻璃，望出去是蘋果公司園區入口，另一面牆是一塊白板，可能有二十五英尺（約七．六公尺）長。史帝夫說，他喜歡白板演練，無論是誰拿起筆來，就可以隨心所欲畫出完整的願景——所有的想法、設計和估算。

可以料想得到，史帝夫就是拿筆的人，我感覺他已經很習慣擔任這個角色。他手握著筆站著，一邊寫贊成，一邊寫反對。「你先開始，」他說：「有任何贊成的理由嗎？」

我緊張到無法開始，所以讓他先發。「好吧，」他說。「那麼，我有一些反對意見。」他用勁寫下：「**迪士尼的文化會摧毀皮克斯！**」這我不能怪他。到目前為止，他在迪士尼的經歷並未提供任何與此相反的證據。他繼續在白板上用完整的句子寫滿他反對的理由。「整頓迪士尼動畫曠日廢時，這個過程會讓約翰和艾德筋疲力盡。」「有太多沈痾宿疾，治癒要花好幾年。」「華爾街會討厭這事。」「你的董事會永遠不會讓你這麼幹。」「皮克斯將拒絕迪士尼當它的擁有者，就像身體排斥捐贈的器官。」他還寫了很多，但有一條全用大寫字母寫的，「注意力分散會殺了皮克斯的創造力。」我以為他的意思是，整個交易和吸納過程對他們創建的體系衝擊太大。（幾年後，史帝夫提議讓迪士尼動畫徹底收攤，只在皮克斯製作動畫電影。就連約翰．拉薩特和艾德．卡特莫爾對此都不以為然，而我拒絕了。）

我若在他的反對列表繼續加料，似乎沒什麼意義，於是我們轉而談贊成意見。由我先講，我說：「皮克斯將拯救迪士尼，從此以後我們都能過上幸福的日子。」

史帝夫微笑以對，但沒有寫下來。「怎麼說？」

我答道：「翻轉迪士尼動畫將徹底改變迪士尼的觀念，並改變我們的命運。另外，約翰和艾德將有更大的畫布供他們揮灑。」

兩小時後，贊成意見少得可憐，反對意見則有一堆，雖然有些在我看來純屬雞毛蒜皮小事。我感到沮喪，但我早該料到會如此。「好吧，」我說，「這是個好主意。但我不曉得我們如何辦到。」

「有些牢靠的贊成意見比幾十個反對意見更強而有力，」史帝夫說：「所以下一步我們該怎麼做？」我又上了一課：史帝夫非常擅長仔細評估一個問題的各個面向，且不允許負面觀點淹沒正面觀點，特別是在他想完成的事情上。這是他強大的特質。

史帝夫於六年後去世。他死後不久，我加入蘋果董事會。我每次去那裡開會，看著那巨大的白板，就會看到史帝夫對實現這個想法（我猜還有更多其他想法）所展現的熱情、活力、投入以及極度開放的態度。

「我需要參觀一下皮克斯，」我告訴他。我從來沒去過那裡，而且在我們先前的合約即將結束時，事情變得很糟，雙方很少合作，我們甚至不知道他們在做什麼。這時雖有最後一部片子《汽車總動員》（*Cars*）供我們發行，但迪士尼沒人看過。我們聽說他們正在巴黎一間餐館的廚房裡拍攝一部跟老鼠有關的片子，迪士尼這邊的人對它嗤之以鼻。隨著各自公司為最後分手做準備，雙方溝通已完全停止。

我如果要為收購皮克斯提出充分理由，就需要更深入了解他們的工作方式。我想和那些關鍵人員會面，熟悉一下他們的計畫，並體驗體驗其公司文化。在那裡的**感覺**如何？他們和我們哪裡不同，能讓他們不斷創造燦爛光彩？

史帝夫立刻同意我前去訪問。他向約翰和艾德解釋，我們已經談過，雖然他沒承諾什麼，且沒有他們參與也不會做出任何承諾，但他認為值得讓他們帶我參觀那個地方。接下來那一週，我自己一人來到愛莫利維爾（Emeryville）的皮克斯園區。約翰的助理在大廳迎接我，隨即帶我進到史帝夫參與設計的挑高中庭。用餐區沿著兩側伸展，遠處盡頭是他們劇場的主要入口。有人四處走動，有人在進行小組聚會，給我的感覺更像是大學學生會，而不是電影製片公司。那個地方因擁有創造能量而充滿活力。每個人似乎都很高興能在那裡做事。

若要我列出從事這份工作以來最棒的十天，這次首訪皮克斯園區將名列前茅。約翰和艾德熱情歡迎我，並告訴我上半天將與每位導演見面，他們會讓我看看正在製作的電影部分元素——一些場景的粗剪、故事腳本、概念藝術、原聲配樂和演員表。然後，我看了他們的新「科技導管」（technology pipeline），親身體驗科技面和創意面如何結合運作。

約翰率先向我展示幾近完成的《汽車總動員》剪輯，我坐在劇場裡，被這部動畫的品質以及他們自上一部片子發布以來在技術方面取得的進步深深吸引。例如，我記得對於片中賽車烤漆反射的光線佩服不已。這些是我在電腦生成的動畫中未曾見過的影像。接著，布萊德．博德（Brad Bird）讓我看他正在進行的作品，就是被嘲笑的「老鼠電影」《料理鼠王》（*Ratatouille*）。這是皮克斯歷來主題最複雜、敘事手法最具原創性的電影之一，我深受震撼。剛結束《海底總動員》的安德魯．史坦頓（Andrew Stanton）展示了《瓦力》（*Wall-E*）的部分內容，這是關於一個孤獨的機器人愛上另一個機器人的反烏托邦動畫片，其中包含消費主義失控帶來社會和環境風險的訊息。然後是彼特．達克特（Pete Docter）介紹《天外奇蹟》（*Up*），這是一部充滿悲傷和死亡的愛情故事，並以南美令人驚奇的景色作為視覺背景。（彼特在《天外奇蹟》之後，接手執導《腦筋急轉彎》〔*Inside Out*〕。）蓋瑞．里德斯特羅姆（Gary Rydstrom）透過一場兩隻藍腳蠑螈的冒險，講述一個有關物種滅絕的故事。皮克斯後來放棄這個項目，但我喜歡蓋瑞在報告時所表現的想像力和智慧。布蘭達．查普曼（Brenda Chapman）向我展示了《勇敢傳說》（*Brave*）。李．安克里奇（Lee Unkrich）介紹一部有關曼哈頓上西區一棟公寓所養寵物的電影，他後來執導《玩具總動員3》（*Toy Story 3*）和《可可夜總會》（*Coco*）。（《料理鼠王》、《瓦力》、《天外奇蹟》、《玩具總動員3》、《勇敢傳說》、《腦筋急轉彎》和《可可夜總會》後來陸續獲得奧斯卡最佳動畫長片獎。）

在這之後，我花了幾小時和艾德．卡特莫爾及工程師討論技術方面的問題，他們詳細介紹了為這整個創意企業服務的技術平台。我親眼瞧見當天早上約翰歡迎我進入大樓時所描述的情景。他說，動畫師和導演不斷挑戰工程師，要他們提供能實現創意夢想的工具，例如，讓畫面中的巴黎感覺像巴黎。艾德和他的工程團隊一直是自行建造工具，然後交給藝術家，來激發他們用前所未有的方式思考。「看看我們如何製造出雪、水或霧的效果！」艾德讓我見識有史以來最複雜的動畫工具，這些技術發明能把創意發揮到極致。這種陰陽互補是皮克斯的靈魂。一切都源自於它。

那天結束後，我來到皮克斯停車場坐進車子裡，立刻匆匆寫下筆記，然後打電話給湯姆．史塔格斯，告訴他我回到洛杉磯必須馬上見他。我不曉得董事會是否願意支持這件事，我也知道史帝夫可以輕易改變主意。而當我向湯姆描述他們的才能和創意雄心有多高、對品質的堅持、別出心裁的說故事手法、技術、領導結構以及熱情合作的氣氛，甚至他們的建築，我有點喘不過氣。這是一種創意產業，甚至任何產業，人人渴望的文化。這遠超過我們所處的位置，超過我們憑藉自己力量所能達到的一切，讓我感到我們必須竭盡所能促成這件事。

我回到伯班克的辦公室，立即與我的團隊會面。說他們不像我那麼一頭熱，這樣講太輕描淡寫。我是唯一親眼目睹皮克斯實質情況的人，對他們來說，我的想法仍舊很不切實際。他們說，有太多風險，成本也太高了。他們擔心我才剛出任執行長，就把我個人的未來，更不用說公司的未來，押注在這件事上。

在我所有關於皮克斯的討論中，這個話題幾乎每次都會出現。我一次又一次被告知，這樣做太冒險，很不明智。許多人認為要應付史帝夫根本不可能，他會嘗試控管公司。還有人告訴我，一位全新的執行長不應嘗試大型收購。就像我們的一位投資銀行家說的，我「瘋了」，因為金額的問題永遠無法解決，而且華爾街也不可能買單。

銀行家言之有理，從帳面上看這筆交易的確沒什麼明顯的意義。但我相信，這麼高層次的獨創性，其價值比當時我們任何人所能理解或所能計算的都要來得更高。像本書這樣的書，若說領導者應該勇敢走出去並且相信自己的直覺，也許不是很負責任的建議，因為這可能被解讀為（我）贊同衝動應凌駕於深思熟慮，賭博凌駕於審慎研究。就和每件事情一樣，關鍵在於認知（awareness），納入所有因素並加以權衡——你自己的動機，你信任的人怎麼說，審慎研究和分析的結果如何，還有哪些是分析無法告訴你的。你仔細考慮過所有這些因素，並了解到各個狀況都不相同，然後，事情如果由你作主，最終還是要靠直覺。這樣是對還是錯？沒有什麼是確定的，但最起碼你要願意承擔大的風險。不這樣，你不可能贏得大勝。

我對皮克斯的直覺很強大。我相信這項收購能改變我們。這件事能讓迪士尼動畫得到矯正；能將史帝夫·賈伯斯納入迪士尼董事會，他堪稱技術方面最強有力的聲音；能把卓越和雄心勃勃的文化注入我們的血液，並以我們迫切需要的方式流遍整個公司。最終，董事會有可能說不，但我不能因擔心這樣就放棄。我告訴我的團隊，我尊重他們的意見，我知道他們是為我著想，對此我很感謝，但我想我們必須這樣做。至少，在我認輸之前，我必須盡一切可能去實現這件事。

造訪愛莫利維爾後第二天，我打電話給史帝夫。撥號前，我告訴自己，應試著抑制一下熱情。我是該讚美一下對方，畢竟史帝夫對皮克斯極為自豪，但這有可能是真正談判的開始，而我不希望讓他覺得我急切想得到他們所擁有的，他可能因此漫天要價。只是當我跟史帝夫接通電話那一刻，想不動聲色根本辦不到。除了單純的熱情，我無法佯裝其他的感受。我從頭到尾描述了那天的經歷，並希望我的誠實最終能幫得上忙，而不是靠任何「狡詐的」偽裝。這看似是一種弱點——你如果表現出自己非常想要某樣東西，會任人宰割——但這一次，真正的熱情反而奏效。最後我說，我真想嘗試實現這次收購，彷彿事情還講得不夠清楚。

史帝夫告訴我，只有約翰和艾德加入的情況下，他才會認真考慮。我們談完後，他聯繫了他們，說他願意對談判持開放態度，並向他們承諾，如果沒有他們的祝福，他永遠不會進行這次交易。我們打算由我再次與他們分別會面，好讓我更詳細地解釋我的想法，並回答他們所提出的任何問題。然後由他們決定是否有興趣進一步談判。

幾天後，我飛到舊金山灣區，與約翰和他的妻子南西（Nancy）在他們位於索諾瑪（Sonoma）的家中共進晚餐。我們進行了為時甚長且愉快的交談，並且一拍即合。我為他們概略介紹了我的職業生涯：在《體育大世界》的日子和被首都城市收購的經歷，為ABC黃金時段製作節目的歲月，以及最後被迪士尼接管和成為執行長的漫長道路。約翰談到二十多年前他在迪士尼動畫工作的日子，那時麥可時代尚未開始。（由於迪士尼覺得電腦動畫的力量沒什麼前途，他就被裁員了！）

「我知道被另一家公司接管會是什麼感覺。」我告訴他：「即使在最好的情況下，合併過程也需要謹慎處理。你不能只是強迫吸收，像你們這樣的公司絕對不能。」我說，即使不是故意，買方往往會破壞它所收購的公司文化，從而破壞其價值。

許多公司在收購其他公司時，對他們真正購買的目的不夠敏感。他們認為自己取得的是實物資產、生產製造資產或智慧財產權（某些產業出現這種狀況確實比其他產業多）。在大多數情形下，他們真正獲得的是人。尤其在創意產業，這才是真正價值之所在。

我極力向約翰保證，唯有保護好能讓皮克斯文化如此獨特的一切事物，迪士尼收購皮克斯才有意義。將皮克斯帶進我們公司，是領導和才能的一次大量輸血，我們有必要正確處理。「皮克斯必須是皮克斯。」我說：「我們如果不保護你們創造的文化，我們會破壞那些賦予你們價值的東西。」

約翰說他很高興聽到這個，而後我把我宏大的計畫告訴他。「我希望你和艾德也掌管迪士尼動畫。」

經過這麼多年，約翰說他仍為被迪士尼解雇一事感到難受，但他對迪士尼動畫的傳統充滿敬意。就像我無法在史帝夫面前掩飾我的熱情，約翰也無法掩飾他對經營迪士尼動畫感興趣。他說：「嗯，那會是個夢想。」

過了幾天，艾德‧卡特莫爾飛到伯班克與我會面。（我們兩人都不吃肉，但我們還是在迪斯尼總部附近一家牛排館吃了晚餐。）和約翰一樣，我努力向艾德解釋有關我收購的理念——他們能夠創造神奇，核心在於他們所建立的文化，我對強迫他們改變現況沒有半點興趣。我還提到準備要跟他們談判的另一個機會：我想要約翰和他來重振迪士尼動畫。

如果說約翰充滿情感和外向，那麼艾德就是呆板不上相。他是個安靜、有思想、內斂的電腦科學博士，皮克斯使用的數位動畫科技有許多是他的傑作。我們在技術方面遠遠落後皮克斯，但艾德有興趣取得迪士尼在其他方面的一些技術資源。他輕描淡寫地說道：「看看我們能做的，會是件令人興奮的事情。」

第二天，史帝夫打電話告訴我，約翰和艾德同意他跟我進行談判，不久之後，我第二次與迪士尼董事會開會，這次是在紐約。我告訴董事會，我走訪了皮克斯，跟約翰和艾德見了面，而史帝夫也有談判的意願。湯姆．史塔格斯仍有些疑慮，他就收購潛在的經濟問題做了簡報，包括發行更多股票和迪士尼股票可能稀釋的問題，還有他對投資族群最可能反應的猜測，從正反評價參半到相當負面，頂多如此。董事會認真聽完報告，儘管會議結束時他們大致仍持懷疑態度，但他們同意我們和史帝夫談判，然後回報一些更具體的內容供他們考慮。

董事會會議一開完，湯姆和我直接飛到聖荷西，第二天在蘋果總部與史帝夫見面。我知道做這事不要制定程序。史帝夫天生無法進行冗長而複雜的意見來回交換（過去與麥可之間曠日廢時和尖刻的談判他仍記憶猶新）。他對迪士尼進行交易的方式已相當反感，我擔心我們若有任何一點陷入糾纏，他會對整件事感到厭煩並拂袖而去。

因此我們一坐下，我便告訴他：「我會跟你直話直說。我覺得我們必須這麼做。」史帝夫同意我們需要如此，但與過去不同的是，他並未利用自己的優勢來要求一個極其不可能的數字。無論我們達成什麼交易，對他們都會是非常好的，但他知道這必須在我們可能辦得到的範圍以內，我想他很欣賞我的坦率。

接下來一個月，湯姆和史帝夫仔細討論了可能的財務結構，並得出一個價格：七十四億美元。（這是一次全股票交易——迪士尼二．三股換皮克斯一股，皮克斯擁有十億美元現金，因此淨賺六十四億美元。）即使史帝夫不貪婪拉抬價格，這仍是很高的金額，要讓我們的董事會和投資人接受不是件容易的事。

我們還就我們所謂的「社會契約」進行了協商，那是一份兩頁長的清單，羅列我們承諾要維護的文化重大議題和項目。他們想要感覺自己仍是皮克斯，而任何跟保護這種感覺有關的事情都很重要。他們的電子郵件地址仍將是皮克斯的地址；建築物上的標誌仍是皮克斯。他們可以保有歡迎新員工的儀式和每月暢飲啤酒的傳統。至於電影、商品和主題遊樂園景點的品牌歸屬等更敏感的談判，也開始進行。我們的研究顯示，皮克斯這個品牌已超越迪士尼，他們很清楚這一事實，但我覺得，隨著時間過去，尤其約翰和艾德現在將執掌迪士尼動畫，皮克斯電影的最強品牌將會是「迪士尼—皮克斯」（Disney-Pixar）。這也是我們最終談妥的結果。皮克斯的每部電影仍將由他們著名的「頑皮跳跳燈」（Luxo Junior）動畫展開，但在這之前是迪士尼城堡的動畫。

❀

現在我眼前面臨的挑戰是要說服我們的董事會。我了解到我最強的一招，就是讓他們和史帝夫、約翰和艾德會面，直接聽聽他們怎麼說。沒有人會比他們三人說得更好。於是，二〇〇六年一月的一個週末，我們全部人都前往高盛公司在洛杉磯的一間會議室開會。董事會有幾位成員仍反對這項交易，但在史帝夫、約翰和艾德開始講話的那一刻，會議室裡每個人都被震懾住。他們沒帶筆記，沒有道具，沒有視覺輔助工具。他們只是談論有關皮克斯的理念和工作方式，有關我們已經在夢想要一起做事，以及有關他們是什麼樣的人。

約翰滿懷熱情地說到他對迪士尼終生的愛，以及他渴望讓迪士尼動畫重返昔日榮耀。艾德就技術的未來走向以及迪士尼和皮克斯的可能發展做了一場觸動理智、有趣的演講。至於史帝夫，很難想像還會有比他更好的推銷員來做這麼雄心勃勃的事。他談到大公司有承擔大風險的需要，談到迪士尼過去的風光地位，以及需要做哪些事，才能徹底改變路線。他談到我和我們已經形成的聯繫，除了iTunes交易，還有正在進行中的、關於維護皮克斯文化的討論，他說他渴望共同努力，讓這個瘋狂的想法獲得成功。看著他講話，我第一次對這件事有可能發生感到樂觀。

董事會定於一月二十四日進行最後表決，但有可能達成交易的消息很快便走漏出去。我突然接到許多呼籲，要我懸崖勒馬。其中包括麥可·艾斯納。「鮑伯，你不能這樣做，」他說：「這是全世界最愚蠢的事。」他擔憂的還是那些。這樣做太貴、太冒險。讓史帝夫進到公司會是一場災難。「你可以治好迪士尼動畫，」麥可說：「你不需要靠他們。他們只要再失敗一次，就跟常人無異。」他甚至打電話給華倫·巴菲特，以為巴菲特若覺得這項投資很蠢，他就能讓迪士尼董事會他認識的人改變心意。巴菲特沒有介入，於是麥可打電話給湯姆·墨菲，看他是否會說些什麼。然後麥可聯絡上喬治·米切爾，問對方能否讓他親自向董事會講這事。

喬治打電話告訴我麥可所提的要求。「喬治，」我說：「你不會讓他這麼做，對吧？在這個節骨眼上？」麥可已離開公司四個月。他和迪士尼的關係在他工作最後一天就結束了。我知道麥可難以接受這件事，但他的干預冒犯了我。他在擔任執行長時，絕不會容忍這種事。

「這樣很省事，」喬治說：「就讓事情發生吧。我們對他展現尊重，聽他把話講完，然後你陳述你的意見。」這就是典型的喬治。在參議院工作多年，包括擔任多數黨領袖，協助斡旋並促成北愛爾蘭和平之後，他成了高明的政治家。他真的覺得麥可應得到尊重，但他也知道麥可在這兒可能是個攪局的因素，從外部影響董事會，不如同意他進來講話，讓我有機會在同一間會議室裡立刻提出反駁。這是喬治擔任董事長以來所做唯一一件讓我惱火的事，但除了相信他的直覺外，我根本沒轍。

董事會預定投票那天，麥可進來講述了他的意見，內容跟他對我說的一樣：價格太高、史帝夫很難相處而且霸道，會要求管控一切，迪士尼動畫還不到無法修復的地步。他看著我，說：「鮑伯可以搞定迪士尼動畫。」我答道：「麥可，你自己搞不定，現在你告訴我我可以？」

開會前，喬治來我辦公室對我說：「聽我說，我想你會過關。但事情還沒定案。你必須進去裡面，盡心盡力去講述。你必須做到像在揮拳頭敲桌。展現你的熱情。要求他們支持你。」

「我想所有這些我都已經做了，」我說。

「你必須再做一次。」

我抱著堅定的決心面對董事會。我甚至在進入會議室前花了一點時間再看一次西奧多·羅斯福（Theodore Roosevelt，即美國第二十六任總統老羅斯福）那篇長久以來鼓舞著我的演講「競技場上的人」（The Man in the Arena）：「榮耀不屬於批評者，不屬於指出勇者如何跌倒，或指出別人哪裡應做得更好的人。榮耀屬於真正在競技場裡、臉上沾滿塵土和血汗的人。」我的臉還沒有沾滿塵土和血汗，迪士尼董事會也不是最嚴酷的競技場。但我必須進去，為我知道有風險的事而戰。如果他們說可以，且這樣做真的管用，我將成為改變公司命運的英雄。如果他們說可以，結果卻不管用，我在這個職位上的時間就不會太久。

我盡我所能集中火力發言。「公司的未來就在這裡，就是現在，」我說：「在你們手中。」我重述我在十月第一次以執行長身分參加董事會會議時講的話。「只要迪士尼動畫順利，公司就順利。一九三七年的《白雪公主》（*Snow White and the Seven Dwarfs*）和一九九四年的《獅子王》都是這樣，現在也不例外。迪士尼動畫飛騰起來，整個迪士尼公司也跟著飛騰。我們必須做這件事。我們邁向未來的道路就從這裡、從今晚開始。」

我說完後，喬治開始投票程序，按字母順序點名每位成員大聲投票，假如他們想講話，就給他們機會發言。會議室變得非常安靜。我記得我和湯姆．史塔格斯及艾倫．布拉弗曼有過眼神接觸。他們相信我們會得到足夠票數，但此時我不敢確定。所有董事會成員都歷經過去這幾年，避開風險似乎有可能占上風。前四名成員投了贊成票，第五名成員也投下贊成票，但補充說他這麼做只是出於對我的支持。剩下的五票，有兩票反對，最終票數是九票贊成、兩票反對。交易獲得批准。

董事會曾對是否應進行另一輪投票以取得一致意見做了簡短的討論，但喬治予以駁回，堅稱程序必須透明。有人擔心大眾對投票未一致通過會不以為然，我說我不在乎。人們只需要知道迪士尼董事會已經批准。投票不必公諸於世，若有人問結果是否一致，我們應據實回應。（幾年後，麥可向我承認，他對皮克斯的看法錯了，皮克斯對他相當親切。）

❀

公告交易定案當天，艾倫．布拉弗曼、湯姆．史塔格斯、澤妮亞．穆哈和我前往皮克斯位在愛莫利維爾的總部。史帝夫、約翰和艾德在那兒等候，我們計畫在股市於（美國）太平洋標準時間下午一點收盤後，立刻發布公告，然後召開新聞發布會，並與皮克斯員工舉行員工大會。

一九九〇年與《雙峰》演出人員合影。不久前我才從ABC TV第二把交椅躍居ABC娛樂集團董事長。這條學習曲線好陡啊。

圖片來源：華特迪士尼公司

在一九九五年首都城市傳播公司宣布被迪士尼收購當天，與首都城市執行長湯姆·墨菲合影。

圖片來源：華特迪士尼公司

一九九五年八月與我未來的老闆，迪士尼執行長麥可．艾斯納合影。
圖片來源：華特迪士尼公司

一九九六年與我在ABC Sports初期的心靈導師魯恩．阿利奇合影。正是魯恩教我「不創新，就等死」的道理。
圖片來源：華特迪士尼公司

二○○五年在庫帕提諾的舞台上與蘋果公司執行長史帝夫·賈伯斯一起宣布，ABC的節目將可在新的影音iPod上播放，這是兩家公司關係的重大突破。
圖片來源：Justin Sullivan/Getty Images

二○一二年十月和喬治·盧卡斯簽約收購盧卡斯影業——以及《星際大戰》系列。
圖片來源：華特迪士尼公司

二〇一三年與我的老朋友米奇在東京合影。
圖片來源：艾格個人收藏

二〇一四年在奧斯卡頒獎典禮與太太威蘿合影（她竟然穿尤達洋裝！）。
圖片來源：華特迪士尼公司

二〇一五年在奧斯卡頒獎典禮和威蘿走紅毯（這一次沒有尤達了！）。
圖片來源：華特迪士尼公司

二〇一六年與華特・迪士尼——開創一切的人——合影。
圖片來源：華特迪士尼公司

在聽聞奧蘭多園區的悲劇後，準備上海迪士尼樂園的開幕演說。
圖片來源：艾格個人收藏

上海迪士尼樂園的城堡，攝於開幕前。
圖片來源：華特迪士尼公司

二〇一六年在上海迪士尼「魔法化妝廳」後台，與演出及工作人員合影。
圖片來源：華特迪士尼公司

在上海迪士尼正式剪綵儀式上，與中共中央政治局委員兼國務院副總理汪洋及中共中央政治局委員兼上海黨書記韓正合影。
圖片來源：華特迪士尼公司

二〇一八年在《黑豹》洛杉磯首映會和查德威克・鮑斯曼合影。
圖片來源：華特迪士尼公司

二〇一七年十二月，就在宣布收購二十一世紀福斯之前和魯柏・梅鐸於倫敦合影。
圖片來源：The Sun/Arthur Edwards

中午剛過，史帝夫前來找我並把我拉到一邊。「我們散散步吧，」他說。我知道史帝夫喜歡散步，常和朋友或同事一起走走，但我對他這時提這要求有點驚訝和疑惑。我問湯姆他認為史帝夫有何打算，我們猜他是不是想打退堂鼓或是還有更多要求。

史帝夫和我離開大樓時，我看了看手表，時間是十二點十五分。我們走了一會兒，然後來到皮克斯美麗且修剪整齊的院子裡，找一張長椅坐下。史帝夫將手臂搭在我背後，這是個很友好、出人意料的舉動。然後他說：「我告訴你一件事，目前只有羅倫（Laurene，史帝夫的妻子）和我的醫生知道這事。」他要求我徹底保密，然後告訴我，他的癌症已經復發。幾年前，他被診斷出罹患一種罕見的胰腺癌，動過一次手術，他曾宣稱自己已經痊癒。但現在它又回來了。

「史帝夫，你為什麼告訴我這個？」我問。「為什麼現在告訴我？」

「我即將成為你們最大的股東和董事會成員，」他說：「因為這個訊息，我認為我必須讓你曉得，你有權退出交易。」

我再次看了手表。已經十二點三十分，距離我們宣布交易只剩三十分鐘。我不確定該如何回應，我正努力了解剛剛才被告知的事，包括問自己，我是否有義務公開我現在知道的內容。我需要告訴我們的董事會嗎？我能否問問我們的法務長？史帝夫想要徹底保密，因此除了接受他的提議，並放棄我急切想要和我們迫切需要的這次交易外，我們無計可施。最後我說：「史帝夫，不到三十分鐘我們就要宣布達成七十多億美元的一筆交易。我要如何告訴我們的董事會我現在擔心這擔心那？」他告訴我把責任推到他身上。我接著問：「還有什麼是我需要知道的？請幫我做這個決定。」

他告訴我癌症現在已蔓延到他的肝臟，也談到擊敗它的機率。他說，會竭盡一切所能，去參加兒子瑞德（Reed）的高中畢業典禮。當他告訴我那是四年後的事，我非常難受。要同時進行這兩項對話，一是關於史帝夫正面對即將到來的死亡，一是關於我們幾分鐘後就要完成的交易，根本不可能。

我決定拒絕他取消交易的提議。就算我接受他的提議，我也無法向董事會解釋原因，董事會不僅批准了這個案子，還忍受了我幾個月的要求。現在距離我們發布消息只剩十分鐘。我不曉得自己這樣做對不對，但我很快歸納出，史帝夫對交易本身並不重要，儘管他對我來說當然重要。史帝夫和我默默地走回中庭。後來，我和艾倫·布拉弗曼交談，我像兄弟一樣信任他，把史帝夫跟我說的事告訴他。他贊成我所做的決定，這讓我大大鬆了口氣。當天夜裡，我也向威蘿透露了這個秘密。在我認識史帝夫之前，威蘿就已經認識他很多年，我們並沒有為我擔任執行長初期這個重大日子舉杯慶祝，而是為這個消息一起流淚。無論他告訴我什麼，無論他有多大決心要與癌症搏鬥，我們都為他所將面對的事感到憂慮。

與皮克斯達成協議，是在太平洋標準時間一點零五分正式對外宣告。史帝夫和我在新聞發布會後，我們兩人一起站在皮克斯挑高中庭的一個舞台上，約翰和艾德在我們身邊，面對近一千名皮克斯員工。在我講話前，有人送我一盞「頑皮跳跳燈」當禮物，以紀念這一刻。我當下感謝他們，並表示我會用它來照亮我們的城堡。從那時起皮克斯確實一直照亮著迪士尼。

第10章

漫威與奇妙大冒險

收購皮克斯滿足了我們重振迪士尼動畫的迫切需求，同時也是我們更大的成長策略的首要步驟：致力增加高品質的品牌內容產量；精進我們的技術能力，以創造更令人嚮往的產品與爭取消費者；以及推展全球範圍的成長。

湯姆．史塔格斯、凱文．邁爾和我列有一份「收購目標」清單，我們相信這有助於實現前述優先要務，並決定聚焦於首要的智慧財產。誰擁有我們所有業務可運用的最棒智慧財產？我們馬上想到兩家公司：漫威娛樂（Marvel Entertainment）與盧卡斯影業。我們不知道這兩者是否可能出售，但基於各種原因（包括我相信很難說服喬治．盧卡斯賣掉他親手創建的公司，並放棄對《星際大戰》系列產品的控制權），我們把漫威列為清單上的首選。我並不精通漫威相關知識，不過即使不是一生熱愛漫畫的讀者，也能知道漫威是擁有引人入勝的故事和人物的一座寶庫，可輕易地連接上我們的電影、電視、主題樂園與消費品等業務。在我們的清單上也列了其他幾家公司，但沒有任何一家的價值可與漫威和《星際大戰》相提並論。

與漫威接洽有其複雜之處。首先，漫威已與其他工作室有合約關係。他們和派拉蒙影業公司就多部即將上映的電影簽了發行協議。他們已把《蜘蛛人》（*Spider-Man*）各項權利售予哥倫比亞影業（Columbia Pictures）公司（後來成為索尼影視〔Sony〕旗下事業）。《無敵浩克》（*The Incredible Hulk*）由環球影業公司掌控。《X戰警》（*X-Men*）與《驚奇四超人》（*The Fantastic Four*）則為福斯傳媒集團擁有。因此，即使我們能買到尚未被其他工作室占去的一切，這項智慧財產收購計畫也達不到我們理想的十足程度。我們不想收購漫威所有的角色，因為這終究可能導致某種品牌混亂和授權上的難題。

不過，更大的障礙在於，漫威的經營者艾克・珀爾馬特（Ike Perlmutter）對我們來說是個謎團。這位不屈不撓、深居簡出的傳奇人物，曾在以色列當過軍人，從未現身公開場合或允許他人為自己拍照。他購買陷入困境的公司的債務藉以控制該公司，從而致富。他因極度吝嗇而聲名狼藉（有故事說珀爾馬特會從垃圾桶裡拔出迴紋針）。除此之外，我們對他知之甚少。我們不知道他會怎樣應對我們的試探，或者當我們聯繫他時會不會獲得回應。

珀爾馬特與漫威漫畫（Marvel Comics）的關聯可追溯到八〇年代中期，當時漫威的業主隆恩·佩雷爾曼（Ron Perelman）併購了玩具事業（ToyBiz）公司部分股權，而該公司正是由珀爾馬特與合夥人阿維·阿拉德（Avi Arad）共同擁有。在一九八〇年代末到九〇年代初的漫畫收集熱潮中，漫威獲利豐盈。但此後榮景不再，虧損日積月累。漫威先後歷經多次財務重組和聲請破產，佩雷爾曼、擔任漫威董事長的投資家卡爾·伊坎（Carl Icahn），以及珀爾馬特和阿拉德之間，最終爆發長期的權力鬥爭。直到一九九七年，珀爾馬特與阿拉德才從佩雷爾曼和伊坎手中奪得公司掌控權。他們於翌年將玩具事業與漫威全面合併，成立了漫威企業（Marvel Enterprises），後來成為漫威娛樂。

到了二〇〇八年，當我們開始認真研究漫威時，它已是一家上市公司，而珀爾馬特是其執行長和控股股東。我們花費約六個月時間試圖與他會面，但是一籌莫展。你可能會想說，一家公司的執行長安排與另一家公司執行長會面沒那麼困難，但是珀爾馬特從不做任何他不想做的事情，且行事隱秘，所以沒有直接與他接洽的管道。

他後來撥出時間給我們，應是出於他信任的人保證我們可靠。我們確實有一個與他聯繫的途徑。迪士尼前高階主管大衛·梅塞爾（David Maisel）當時為漫威效力，襄助漫威進軍電影業。梅塞爾與我始終相處融洽，他三不五時會查看是否有任何我們可以合作的事情。他曾一再催促我考慮出任漫威電影的發行人，但我對於只是當個發行人並不感興趣。我告訴梅塞爾，我想與珀爾馬特會談，並詢問他是否有任何建議。他認為我的想法很好，並說會試著為我安排，但他沒打包票，只是要我耐心等候。

與此同時，邁爾無法停止想像，一旦我們收購漫威，迪士尼將可如何大顯身手。邁爾像所有同事那樣認真且極度專注，每當他聚焦於某項有價值的事物，就很難讓他接受「要有耐心」的建議，所以他幾乎每天對我高談闊論，要我設法去聯繫珀爾馬特，而我告訴他，我們需要等待，看看梅塞爾能做什麼。

幾個月過去了。梅塞爾始終斷斷續續地捎來同樣的訊息——尚無進展，繼續等待。然後，他終於在二〇〇九年六月某日來電說，珀爾馬特願與我們相會。梅塞爾從未解釋為何事情會出現轉機，但我猜想他告訴珀爾馬特，說不定我們有意收購漫威，這激起了珀爾馬特的興趣。

在梅塞爾知會我們之後幾天，我前往曼哈頓中城的漫威辦公室會見珀爾馬特。我希望他像皮克斯的約翰·拉薩特和艾德·卡特莫爾一樣感到自己受人尊重，所以我專程去紐約與他見面，且獨自赴會，而不是與迪士尼高階主管團隊一同現身。漫威各辦公室證明珀爾馬特果然名不虛傳。它們都走斯巴達式的簡樸風。珀爾馬特自己的辦公室如彈丸之地且樸實無華：一張小辦公桌、一些椅子、幾張小桌和檯燈。沒有昂貴的家具或一覽無餘的景觀，牆上幾乎空無一物。您絕對看不出這是娛樂公司執行長的辦公室。

珀爾馬特顯然對我小心提防，但他並不冷漠也不討人厭。他身形苗條但很結實，握手力道十足。當我坐下後，他給了我一杯水和一根香蕉。「來自好市多，」他說。「我妻子和我會在週末去那裡購物。」我不曉得梅塞爾向他透露了多少關於我或我想和他談的事，但可不能在見了面禮貌地問好之後，就單刀直入說我想買他的公司。因此，在我猜他應知我來訪只有一個可能原因之際，我們首先聊起彼此的來歷及各自的事業。他特意問了皮克斯收購案，我告訴他迪士尼如何整合皮克斯並讓它保有其獨特文化。此時，我乘機解釋了來意，並表明迪士尼對漫威也有此意。

珀爾馬特並未熱切接受，但也沒斷然拒絕。我們繼續談了一個小時，然後他建議我們當晚到驛棧（Post House）續談，那是一家他喜愛的位於紐約東六十街的牛排館。我們那晚的漫長餐敘話題廣泛。我得知他推展各式各樣的業務，也獲悉他來美國前在以色列的生活。他就像人們廣傳的那樣，既堅毅又自豪。我並未強勢促請他出售漫威，只充分地分享我關於漫威如何加入迪士尼以共築錦繡前程的願景。在晚餐結束前，他對我說「需要再想一想」，我回說隔天會再與他洽談。

當我翌日致電給他時，他表示還有疑慮但仍感興趣。珀爾馬特是位精明的生意人，他算準了能從漫威的轉手買賣大撈一筆，然而昔日漫威陷入困境時他可是接下了重擔，還扭轉了局面，如今其他公司的執行長要來收購漫威，想必令他無法輕鬆以對，即使知道自己能從中大賺一筆。

珀爾馬特是與我截然不同的人。自迪士尼收購漫威以來，我們長年意見相左，但我真心尊重他的人生經歷。他來到美國時幾乎一無所有，然而憑藉自己的聰明才智和堅韌精神，獲得了極大成就。在我們商談收購案時，我想讓他了解，我欣賞他的來歷與昔日成就，而他和漫威將會由好手來照料打理。無論如何，珀爾馬特永遠難以輕易融入公司的體系，也無法好好應對他所謂的好萊塢式油腔滑調，因此，如果想讓他自在地與我們成交，就要讓他覺得洽談對象可靠又正直，而且要使用他能了解的話語。

幸運的是，威蘿在那個星期恰好到紐約出差，所以我建議珀爾馬特夫妻和我們一起吃晚飯。威蘿並不常與我一起出席商務晚宴，但她了解商業，且資歷可圈可點，又擅長人際應對，是我的秘密武器。我們的餐會再度選在驛棧，而且是於幾天前我與珀爾馬特餐敘時同一張飯桌用餐。珀爾馬特夫人洛莉（Laurie）聰慧且精力充沛（又恰好是位好勝的橋牌玩家），她與威蘿談笑自若，相當悠閒自在。我們沒有談任何商務，只是藉機領會彼此的為人處世之道和所珍視的事物。雖然珀爾馬特沒有直說，但我在晚餐結束時自信地覺得，他對我收購漫威的構想越來越熱心了。

漫威並非首次引起迪士尼關注。在更早前我為麥可．艾斯納效力時，參與過一席工作午餐，當時麥可就曾提議要收購漫威。而在座多名高階主管異口同聲反對。他們認為漫威過於特立獨行，恐會破壞迪士尼品牌形象。當時迪士尼內部和董事會成員間有一種假設，認為迪士尼是單一的大一統品牌，而我們所有業務都是存在迪士尼這保護傘之下。我覺得麥可較明事理，但他也在意迪士尼品牌會否招致任何負面反應，或會否有人暗示他經營不善。

此外，迪士尼與米拉麥克斯影業（Miramax）的合作關係雖成功卻也經常緊繃。該公司是由鮑伯與哈維．溫斯坦（Bob and Harvey Weinstein）營運，在一九九三年時被艾斯納收購。（這項夥伴關係於二〇〇五年終止，當時麥可仍是迪士尼執行長。七年後我們才將米拉麥克斯全盤脫手。）米拉麥克斯在那幾年推出約三百部電影，其中不少影片獲得好評也賺了錢，但也有不少片子慘賠。我們與溫斯坦兄弟一再因影片預算和內容的問題而激烈爭鬥，對於麥可．摩爾（Michael Moore）的紀錄片《華氏911》（*Fahrenheit 9/11*）尤其吵得不可開交。麥可甚至不讓迪士尼發行此片。問題接二連三，儘管有些人贏得了奧斯卡金像獎，但與他們相處並非易事。舉個一九九九年的例子，當年米拉麥克斯啟動《議論》（*Talk*）雜誌，初始就一敗塗地，結果虧損一大筆錢。而且他們沒事先徵得麥可的祝福，就與蒂娜．布朗（Tina Brown）共同投注這家雜誌。在迪士尼與米拉麥克斯的夥伴關係中，我從未參與其中，然而我見證了這段關係對麥可內心及其公共形象造成的損害。麥可須應付董事會對米拉麥克斯不可靠財務的意見，而在此事上，溫斯坦兄弟仍要與他對抗，使他承受源源不絕的壓力。當最後幾年壓力不斷累增時，麥可更加筋疲力盡，且處處小心翼翼。因此，當他收購漫威的構想遭到某些高階主管抗拒時，他便默認不能強推此事。畢竟他在沒多久前併購了ABC，並不迫切需要再收購另一家公司。

當我接任執行長時，最優先要務在於重振動畫部門，並藉此振興迪士尼品牌。隨著拉薩特和卡特莫爾準備就緒，要完成這項重責大任指日可待。一旦迪士尼動畫穩若磐石，我也就可以敞臂迎接其他收購案，即使它們不是很明顯地符合迪士尼的口味。我著實已不想再打安全牌。迪士尼當初收購皮克斯時承擔了極大風險，事後自然適宜暫且按兵不動，強過持續去推動進一步成長。但在併購皮克斯三年後，整個娛樂業日益瞬息萬變，而對於我們來說，保持雄心勃勃的思考，善用我們的動能，並擴展說故事打造品牌的資產組合，是非常重要的事情。

關於收購漫威，若我有任何擔心的事，考量的也與那些憂懼漫威比迪士尼前衛的公司的人相反：我並不擔憂漫威會如何影響迪士尼，而憂慮忠實的漫威迷對於與兩家公司成為夥伴會有何反應。我們收購漫威是否可能毀掉他們的某些價值？邁爾的團隊研究過這個問題，在與邁爾多次對話之後，我安心地覺得我們能個別且獨立地管理旗下品牌，讓它們彼此相得益彰，不致相互造成負面影響。

我可以理解，漫威有些關鍵創意人對公司將被收購感到焦慮。我邀請了其中一些人來訪位於伯班克的總部，並親自與他們會面，向他們講述我自身有關首都城市傳播公司和迪士尼幾個收購案的經驗，更對他們保證我明白被另一家公司吞併的感覺。我當時對他們說了一句話。在與賈伯斯、拉薩特及卡特莫爾談判時，我也多次反覆講過這句話：「對於我們來說，基於你的獨一無二而收購，事後卻把你改頭換面，這樣做毫無意義。」

❀

在珀爾馬特表明願意進行更認真的談判後，史塔格斯、邁爾與其團隊即著手詳盡評估，漫威作為獨立公司和併入迪士尼後，現值與潛在的價值各有多少，以便得出合理的報價。這涉及完整核算漫威的資產與負債、合約方面的各種阻礙，及如何使漫威員工融入我們公司等問題。我們的團隊建構了模型推演未來多年的電影發行走勢，並預估潛在的票房收益。模型也推測了我們可以如何發展主題樂園、出版及消費品等業務。

自從與皮克斯達成交易、史帝夫·賈伯斯成為迪士尼董事會成員及最大股東以來，每當我想做點大事時，都會找賈伯斯商量，以便在交付整個董事會定奪之前，先徵得他的建議和支持。賈伯斯在我們的董事會具有舉足輕重的地位；董事會對他敬重有加。在我們與漫威進一步談判之前，我去了庫帕提諾與賈伯斯共進午餐，並詳盡地向他解說漫威的業務。他曾聲稱自己一生從未讀過漫畫書（「我痛恨漫畫更甚於厭憎電玩」，他是這麼說的），因此我帶著漫威人物百科全書，去向他解說這個漫畫世界，並具體展示我們將收購什麼。他花了大約十秒鐘的時間看著它，然後把它推到一旁，並問道：「漫威對你來說重要嗎？你真的想要它嗎？這會是另一個皮克斯嗎？」

迪士尼收購皮克斯之後，賈伯斯和我成為好友。我們不定期地聯絡，每週會有幾次對談。我們曾數度共赴鄰近的夏威夷各處飯店度假，相約會面並在海灘上散步，談論我們的妻子和孩子、音樂、蘋果公司與迪士尼，以及我們還有可能一起做的諸多事情。

我們的關係遠遠超越商務範疇。我們非常享受彼此的陪伴，覺得可以互相述說任何事情。坦誠相待絕不會對我們堅固的友情構成威脅。實在料想不到會在暮年發展出如此親密的友誼，但回顧擔任執行長最感激和驚異的事情，其中之一就是我與賈伯斯的情誼。他會批評我，而我可以不同意，對此我們都不會放在心上。曾有很多人警告我，讓賈伯斯加入迪士尼是最糟糕的事情，因為他會欺負我和其他所有人。我總是回答說：「賈伯斯進入我們公司為何不是好事？會有人不想讓賈伯斯來影響公司的運作嗎？何況代價是由我來承擔？」其實我並不擔心他會如何行動，而且我自認，一旦他做出逾越常規的事情，我會揭發出來。賈伯斯能敏銳地對人做出評判，當他提出批評時，通常頗為嚴厲苛刻。儘管如此，他出席並積極參與所有董事會議，更提出任何董事會成員都期望聽到的客觀批評。他很少給我添麻煩，但也不是從未發生。

我曾帶他參觀奧蘭多市內的「動畫藝術」（Art of Animation）飯店。這是我們的一家大型飯店，有三千個房間，價位較我們許多飯店實惠。我因它價格實在又有品質而引以為傲。在飯店開張不久後，賈伯斯來參加一個董事會靜思會議（retreat）時，我帶他去看了這家飯店。我們走進飯店後，賈伯斯環顧四周接著說：「這真是糟糕。你騙不到任何人的。」

我回說：「史帝夫，有些人想和孩子一起去迪士尼世界，但負擔不起每晚每房數百美元住宿費，這裡正是為他們而準備的。它房價只要九十美元，而且這是一個體面、美好、乾淨、宜人的地方。」

「我不明白，」他咆哮道。雖然大多數人讚賞我們的設計品質和用心，但賈伯斯與眾不同，他用自己獨特的眼光看它。

「這不合你的品味，」我說。「對於帶你來看這飯店，我感到遺憾。」他的勢利眼讓我有點生氣，但我也知道他就是這樣的人。他製造最高品質的產品，未必每個人都買得起，但他絕不會為了讓人負擔得起而犧牲產品品質。我再也沒給他看過任何類似事物。

當《鋼鐵人2》（*Iron Man 2*）上映時，史帝夫帶著兒子去觀賞，並於隔天打電話給我。「昨晚我帶瑞德去看了《鋼鐵人2》，」他說，「真是糟透了。」

「好的，謝謝你。它的票房收入大約已達七千五百萬美元。而且這個週末還會有更龐大的收益。我不會輕忽你的批評，但這部電影成功了，而且你不代表所有觀眾。」（我明白沒有人會認為《鋼鐵人2》可以贏得奧斯卡獎項，但我就是不能讓賈伯斯覺得自己永遠是對的。）

此後不久，在二〇一〇年的迪士尼股東大會上，我們的法務長艾倫·布拉弗曼走到我面前說：「四名董事會成員被投下大量反對票。」

「有多龐大？」

「超過一億股，」他說。

我深感困惑。通常最多會有二%到四%的反對票。一億股大幅度超出這個範圍。這可大事不妙。「一億股？」我又問了一次。公司在那時的表現還非常好，董事會成員也都頗受敬重。據我所知，並無任何針對董事會成員的公開批評，也沒有關於此事可能發生的任何警告。實在沒道理會發生這種事。過了一會兒，布拉弗曼說：「我想可能是賈伯斯。」他以所有股份，對四位董事會成員投了反對票。投票結果必須在隔天揭曉。屆時若宣布四位董事會成員被投下大量反對票，將成為一場公關噩夢。

我致電詢問賈伯斯：「你對四名董事會成員投了反對票嗎？」

「是的。」

我說：「首先，你怎能不知會我，就這麼做了？這事會引人注目。我不知該如何公開解釋，也不知要怎麼向當事人交代。而紙終究是包不住火的。其次，他們四位董事會成員都很優秀，你為何要投反對票？」

「我認為他們尸位素餐，」他說，「我不喜歡他們。」我開始為他們辯解，然後隨即明白這對賈伯斯起不了作用。我並沒打算要他認錯。他最後問說：「你想讓我做什麼？」

「我要你改投贊成票。」

「可以改嗎？」

「可以。」

「沒問題，我會改投贊成票，因為這事對你來說非同小可。但我要告訴你，明年我還會對他們投反對票。」

他終究沒這麼做。在下一次股東大會來臨時，他已病入膏肓，並專注於其他事物。除了前述例外狀況，賈伯斯實為出色又有雅量的事業夥伴，更是一位明智的顧問。

在我們商談漫威的問題時，我告訴他，我不確定漫威是不是另一個皮克斯，但這家公司擁有傑出人才，產品內容如此豐富，如果我們擁有它的智慧財產，將讓其他競爭者望塵莫及。我問他是否願意幫我接洽珀爾馬特，並為我提出擔保。

「好吧，」賈伯斯說。「如果你認為這麼做是對的，我會打電話給他。」賈伯斯絕不會投資像漫威這樣的公司，但他信任我且樂意幫我，更勝於他對漫畫書與超級英雄電影的厭惡。

他在隔天致電珀爾馬特，兩人談了一陣子。我認為即使是珀爾馬特，接到賈伯斯來電應當也會留下深刻印象，且感到受寵若驚。賈伯斯告訴珀爾馬特，皮克斯交易案遠遠超越他的預期，因為我信守承諾，依言尊重皮克斯的品牌與員工。

日後，在我們敲定漫威交易案時，珀爾馬特告訴我，他原本有些疑慮，但賈伯斯去電使他的想法大為改觀。「他告訴我，你言出必行，」珀爾馬特說。我很感激賈伯斯願意以友人的身分，而非憑藉董事會最具影響力成員的職位為我做這件事，這是實情。每隔一段時間，我會告訴他，「有件事情必須徵詢你的意見，因為你是我們的最大股東。」而他總是回答說：「你不能如此看待我。這冒犯我了。我就只是你的一位好友。」

❀

在我與珀爾馬特首次會談後幾個月，我們終於在二〇〇九年八月三十一日宣布以四十億美元收購漫威。消息並未事先洩漏，事前也沒有媒體刊登報導猜測我們可能併購漫威。我們僅僅公開訊息，然後準備應對各式強烈的反應：漫威將盡失鋒芒！迪士尼將不復純真！他們砸下四十億美元，卻沒斬獲《蜘蛛人》！就在我們宣布交易案當天，公司股價挫跌了三％。

此後不久，歐巴馬總統在白宮玫瑰花園舉辦小型午餐會，宴請一個商界領袖團體。康卡斯特集團的布萊恩．羅伯茨、福特汽車的艾倫．穆拉利（Alan Mulally）等人也都應邀出席。我們邊用餐邊聊各自的事業，總統還提到他是超級漫威迷。會後，羅伯茨與我一起從白宮搭車離開。他在車上問我：「依你所見，漫威的價值何在？」我回說，漫威能供應源源不絕的智慧財產。「那些智慧財產不是都各有其主了嗎？」我答說，只是一部分，其他還有很多。羅伯茨接著告訴我說，他正與奇異公司（General Electric）執行長傑夫．伊梅特（Jeff Immelt）洽談。伊梅特當時擁有NBC環球集團（NBCUniversal）。（不久後，康卡斯特集團併購了NBC環球集團。）伊梅特顯然曾向羅伯茨表示，迪士尼收購漫威讓他困惑不解。他不明白：「為什麼會有人願意斥資四十億美元收藏大批的漫畫角色？」還說，「這讓我想退出這個業界。」

我微笑聳肩以對。「我猜，我們終會明白的。」我說。我並不擔心其他公司執行長會如何議論此事。迪士尼對此有做足功課。我們很清楚，時間將會證明，不同的品牌可以輕易地共存共榮，我們也深知，漫威的世界自有多數人沒有察覺的深度。在我們研究漫威時，曾彙整一份檔案，內含約七千個漫威漫畫人物。即使我們沒能買到《蜘蛛人》或其他工作室掌控的那些智慧財產，我們能挖到的寶礦也多如牛毛。畢竟漫威的內容產品與創作人才比比皆是。（其實，凱文．費奇〔Kevin Feige〕領導的漫威工作室〔Marvel Studios〕才俊們，為我們描繪了他們的長期願景，更在日後發展出漫威電影宇宙〔Marvel Cinematic Universe，簡稱

ＭＣＵ」。雖然後續有許多工作要完成，但我看得出費奇的計畫著實才氣十足，其構想包括讓數個漫威角色橫跨多部電影、彼此緊密關聯。）

我們迅速且輕易地將漫威融入迪士尼。珀爾馬特繼續在紐約經營漫威的各項業務（包括出版、電視與電影部門等等）。費奇的工作地點在加州曼哈頓海灘（Manhattan Beach）社區，且仍向珀爾馬特回報工作。在初期階段，這個體系至少表面上運作良好。他們推出的電影都很賣座。在收購漫威後，我們很快就明顯看出，只要不犯嚴重的非受迫性失誤，不因未能料到的外部事件而鑽進死胡同，漫威的價值將會大幅超越我們的預期。

然而，隨著逐漸深入了解漫威的運作方式，我們察覺漫威紐約總部與費奇在加州監督的電影事業之間存有不斷變動的問題。電影業既可令人興奮又能讓人發狂。它的運作方式不同於其他傳統行業。它要求我們純粹基於本能而一再壓下賭注。一切都有風險。即使擁有極佳的構想，並召集了很好的團隊，仍然可能因為很多無法控制的原因導致挫敗。例如，劇本沒有連貫的脈絡，導演與他的團隊之間默契不佳，或對於電影的看法與你背道而馳，或是競爭對手推出的電影完全翻轉了你的期望。人們很容易深陷好萊塢的魅力之中以致全然喪失洞察力；也很容易因蔑視它而失去所有洞悉能力。這兩種情況我都見識過很多。

不論是哪種情況，我警覺到紐約的漫威團隊和洛杉磯的費奇團隊之間關係日趨緊繃。紐約辦公室負責監督電影製片廠的預算，因此對其各項成本和風險感到焦慮，他們同時因與好萊塢文化疏離，對於創意過程的各式挑戰似乎不太敏銳。我認為，向電影業高階主管（尤其是富創意的製作人）施加壓力，要求他們用更少的經費製作出更好的電影，未必是糟糕的方法。任何製片廠都必須認清電影業的經濟現實：製作成本有時會失控；在談判合約時，偶爾確實需要堅決不妥協；為了避免電影賠錢，必須關切沒完沒了的冗長財務決策過程。然而，分際的拿捏很微妙，我常觀察到業務部門不時會對創意過程提出過多要求，甚至對電影製片人所承受的壓力漠不關心。這種緊張關係終究弊大於利。

費奇是電影業界最有才華的高階主管之一，但我覺得他與紐約總部的不和諧關係，對他未來的成就構成了威脅。我自知必須介入，因此在二〇一五年五月間，我決定讓漫威的電影製作部門分離出來，並歸入阿倫．霍恩（Alan Horn）與華特迪士尼影業集團麾下。費奇現在直接向霍恩匯報工作，且將受益於他的經驗。而費奇與紐約辦公室之間的緊張關係也獲得緩解。這項轉變並非易事，但我們最終擺脫了原本可能變得難以為繼的局面。

❀

按理說，當老闆最棘手的事情應是開革員工或解除他們的職責。有好幾次我不得不向多才多藝的職員傳達壞消息，其中甚至有我的朋友，他們無法在我賦予的職位上施展身手。雖然我們有自己的內規，但好用的解雇員工指南仍付之闕如。這是必須親自當面處理的事情，不能借助電話、電子郵件或簡訊，要直視對方的雙眼，更不能用任何其他人作為藉口。這是你做的決定，但並非針對員工個人，而是出於他們的工作表現。他們需要知道且應當知道，是你決定開除他們的。一旦你把解職對象找來談話，就不能只是閒聊。我通常會說類似這樣的話：「我要求你來這裡，是出於一項令我為難的事由。」然後，我會嘗試盡可能直截了當說明問題，清楚而簡潔地解釋哪裡行不通，以及為什麼我不認為有轉圜餘地。我會強調這是一個困難的決定，而且我了解這對他們來說是更加艱難。在這種情況下，通常有一套委婉的職場語言可派上用場，但我總覺得這對他們是一種冒犯。進行這類談話，沒有不使人痛苦的方法，但至少可以做到誠實。若能誠實，即使他們走出房間時氣得要命，起碼仍有機會了解為何飯碗沒了，並接受現實開始新生活。

事實上，霍恩出任迪士尼影業集團領導人之前，我開除了他的前任里奇·羅斯（Rich Ross）。我是在與漫威成交後讓羅斯坐上那個位子的。當時，我自認這個選擇既無所畏懼又不因循守舊。羅斯並無電影方面的經驗，但在經營迪士尼頻道上獲致極佳的成果。他曾數度發起特許經營權相關展覽，且促使各部門的品牌相輔相成。他還將我們的兒童電視業務擴展到世界各地的市場。然而我低估了讓他跳去經營影業集團的艱難程度，部分原因在於我自己尚未完全了解電影事業的複雜性。我當時渴望做出一個無畏的選擇，不顧羅斯沒有任何就近探索好萊塢文化的經驗，一心認定他具備一系列多樣且必要的技能，足以勝任他的職務。

這些年來，我在人事上犯過一些重大錯誤，而這是其中之一。對於湯姆·墨菲和丹恩·博科，我始終心懷感激，因為他們基於我在一項業務上做出成果，而篤定認為我在另一項業務上也能獲致成功。我對羅斯押下同樣的賭注，但轉換職務對他來說太艱難了，而陷入經營困難時，他從未停止過掙扎。在羅斯上任數年後，我們進行中的電影仍寥寥無幾。迪士尼內部和外部各個強大合作夥伴都對他喪失了信心，甚至公開抱怨雙方的生意往來。（珀爾馬特是最直言不諱的批評者之一。）我檢視影業集團後發現，能夠成功地進展的事情微乎其微。而且，很顯然我出於直覺的決定並不會有好的結果。我與其更加努力來使它成功，或辯解自己所做的決定，不如著手控管損害，從失誤中汲取教訓，然後迅速地繼續前進。

在羅斯擔任迪士尼影業集團董事長的短暫任期內的某個時段，時任華納兄弟公司董事會聯席主席的鮑伯·戴利（Bob Daly）致電向我表示，我應當找霍恩商談，請他出任羅斯的顧問。當時六十八歲的霍恩失去了華納兄弟公司總裁兼營運長的職位。儘管他曾負責過去十年間幾部最重要的電影，包括《哈利·波特》（*Harry Potter*）系列，但他的上司時代華納（Time Warner）公司執行長傑夫·比克斯（Jeff Bewkes），想讓更年輕的人來經營製片場。

在戴利提議由霍恩擔任羅斯的導師時，霍恩仍被華納兄弟公司的合約綁住。但一年後，當業內所有人士都清楚羅斯做不久了，戴利致電敦促我考慮由霍恩接替羅斯。我並不熟識霍恩，但欽佩他的成就，並尊重他在業界內外的立場。我也知道他因遭強迫退休而深感屈辱。於是我邀請他吃早餐，並說明我需要盡快撤換羅斯。在這次餐敘及隨後的兩次會談中，霍恩很顯然想證明自己的人生還會有新篇章，但他也審慎提防萬一嘗試新事物出了錯，將致職涯的終章再添敗筆。他說，他最不需要的是換到另一個職場，卻做不出成果。

我告訴他：「我也承擔不起另一個錯誤。」在接下來的幾個月裡，霍恩持續與我商討由他領導影業集團的相關事宜。他提出的疑問包括我會如何涉入他的業務。我告訴他，沒取得我認可，誰也不可以批准大型企畫案。「要是我不准許，樂園及度假區負責人就無法建造兩億美元的遊樂設施。」我說。「電影也一樣。」雖然霍恩在華納兄弟公司任事結果不如人意，但他已習慣於擁有或多或少的完全自主權。而且當時比克斯即使意欲干涉霍恩的電影業務，他可是遠在三千英里外的紐約。「但我與您的距離僅有三十英尺。」我向霍恩表明。「我對此非常在意。您做出決定之前必須明白，我一定會參與您的業務。九九％的時間，您將能做自己想做的事情，但我不能給您完全的自由。」

霍恩最終同意了，並於二〇一二年夏季出任迪士尼影業集團負責人。我看重他，不僅是因他在職涯晚期的歷練足與電影界重建良好關係，也因他能證明自己寶刀未老。他上任後發憤圖強，以其精力與專注力改變了迪士尼影業集團。在我寫這本書時，他已年逾七十五歲，但仍像業界任何人一樣生機勃勃又精明幹練。他在工作上的成就超越了我所有的期望。（迪士尼有將近二十四部票房營收超過十億美元的電影，其中約四分之三是於霍恩領導下發行。）對於所有曾經共事過的人來說，霍恩始終是個體面、親切、坦率的協力夥伴。聘用他使我學到了另一件事：要讓自己身邊圍繞著既擅長做事又優秀的人。你無法始終料準誰會出現道德過失，或是誰會顯露出你從未懷疑過他會有的那個面向。在最壞的情況下，你將不得不處理那些嚴重影響公司的作為，並要求加以懲戒。這是工作中不可避免的一部分。你必須要求每個人都誠實和正直，而一旦發現誰有過失，必須立即處理。

❀

事實證明，收購漫威甚至比我們最樂觀的模型所預測的更加成功。在我寫這本書時，我們的第二十部漫威電影《復仇者聯盟：終局之戰》（*Avengers: Endgame*）創下了電影史上首映週最佳票房紀錄。總體來看，漫威電影平均票房總收入超過十億美元，而且在我們的主題樂園、電視和消費品業務中都可感受到這些電影受歡迎的程度，這是我們絕對無法全部預期的。

而漫威電影對公司和流行文化的影響更遠勝於票房收益。自二〇〇九年以來，費奇、霍恩與我等人每季都會開一次會，以規畫未來將發行的漫威電影。我們討論已充分著手製作的企畫案，以及其他點點滴滴的構想。我們對那些有潛力可能被引進的角色深思熟慮，也衡量是否為不斷擴展的漫威電影宇宙，增添一些續集和特許經營權。我們也一同斟酌要起用那些演員和導演，並思考各種故事如何跨領域相互交流。

在開會前，我時常藉由閱讀手邊的漫威百科全書，使自己沈浸於角色的深處，看看是否足以激發我的好奇心，從而發展出電影企畫案。在費奇仍向珀爾馬特匯報工作、製片廠的決策出自紐約漫威團隊的時期，我於一次會議中提出了多元化的議題。到當時為止，漫威電影的主要角色都是白人男性。當我說應該要改變這一點時，費奇表示同意，但他擔心紐約漫威團隊的成員會對此抱持疑慮。我於是打電話與該團隊討論我的關注事項。其中一位告訴我，「女性超級英雄從未在票房大發利市」。他們另外還假設國際觀眾不會想看黑人超級英雄。

我不相信那些陳腐的「不辯自明之理」名副其實，照樣著手研議可以在漫威電影中引進哪些不被看好的角色。費奇提起即將寫進《美國隊長：內戰》（*Captain America: Civil War*）劇本裡的「黑豹」這個漫畫人物，霍恩和我都很感興趣。我們屬意由查德威克・鮑斯曼（Chadwick Boseman）扮演黑豹。他在《傳奇42號》（*42*）這部電影裡演活了大聯盟史上第一位黑人球員傑基・羅賓森（Jackie Robinson）而備受讚譽。鮑斯曼是深具魅力的演員，能把角色演繹得扣人心弦，我可輕易預見，他將在漫威電影裡擔綱飾演主角。

大約在同一時期，漫威的電視和漫畫業務負責人丹・伯克利（Dan Buckley）告訴我，作家塔納哈希・科茨（Ta-Nehisi Coates）正在為我們寫一本《黑豹》漫畫書。我認為科茨是當代美國文學最重要的作家之一，因此請伯克利把書寄給我看。科茨為黑豹這個角色增添了深度，他巧妙的說故事方式讓我驚嘆不已。我一口氣讀完這本漫畫書，而在看到最終頁之前，我已下定決心將《黑豹》列入必不可少的拍片計畫清單中。

並非只有紐約漫威團隊裡的懷疑論者覺得，黑人領銜的超級英雄電影票房難以高奏凱歌。好萊塢始終有一種根深柢固的觀點認為，由黑人主演或多數演出者是黑人的電影，在許多國際市場面臨失敗的風險。這種假設限制了黑人主演的電影製片數量及黑人演員的參演機會。而且這類電影製作時多半會被壓低預算以降低票房風險。

我從事這行的時間長到足以見聞書裡所有的老生常談，而且我了解到這些陳年的爭論就只是：過時了、與世界的現狀及其未來走向格格不入。我們有機會製作傑出的電影，也有機會讓社會上未獲充分代言的群體展現其優點，而這兩者的目標並不相互排斥。我致電珀爾馬特要他告訴麾下團隊別再百般阻撓，並下令著手製作《黑豹》和《驚奇隊長》（*Captain Marvel*）這兩部電影。

珀爾馬特聽從了我的要求。我們立即展開《黑豹》製片工作，而《驚奇隊長》也緊接著動工。這兩部電影都挑戰了一切關於票房的先入為主觀念。在我撰寫本書時，《黑豹》已創下影史所有超級英雄電影第四高的票房紀錄，《驚奇隊長》則是第十名。兩者的票房收入均超過十億美元，在國際市場也都極為成功。而且，他們在文化上取得的成就更加意義非凡。

《黑豹》首映時，我與大批觀眾擠滿杜比劇院（Dolby Theatre）觀影的經驗，是我職業生涯最難忘的時刻之一。在那之前，我只在家中或製片廠與一小群人一起看過這部電影。我知道它是特別的電影，但你永遠難以確定觀眾會如何看待這樣的電影。而首映夜放映廳熄燈開演前，觀眾的熱情早就沸騰不已。你可感受到眾人期待著即將發生前所未見且具歷史意義的事情，而這部電影大幅超越了人們的期望。

首映之後，我接到的關於該片的電話和便箋，數量比我職涯中收過的任何工作相關回饋還多。史派克・李（Spike Lee）、丹佐・華盛頓（Denzel Washington）和蓋爾・金（Gayle King）都表達了支持之意。我曾請一位製片助理寄給歐巴馬總統一份電影拷貝，後來總統告訴我，他相信這是一部具有影響力的電影。歐普拉則寄來便箋讚揚《黑豹》是「全然非凡的作品」，她並補充說明：「想到黑人小孩將永遠有它相伴成長，我不禁熱淚盈眶。」

我們的創作可能沒有任何一部比《黑豹》更讓我引以為傲。在其上映一週後，我感到有必要分享我對它的自豪感，於是發了這便箋給公司所有人員：

親愛的員工們，在分享《黑豹》的大好消息之時，很難不以「瓦干達萬歲！」（Wakanda forever）來起頭！

《黑豹》堪稱漫威在電影製作上的一部傑作，它於許多層面獲致成功，感動無數人心，且擴展了眾人的眼界，同時也娛樂了難以計數的觀眾，並遠遠超越最高的票房預測。這部開創性的電影在週末假期的國內首映刷新票房紀錄達到二．四二億美元，並創下了電影史上第二高的首映四天票房佳績。而全球票房收入迄今已超過四．二六億美元，且這部電影尚未在多個主要市場上映。

《黑豹》也已成為一種當前的文化現象，激起討論，引發反思，啟迪各年齡層的人，並瓦解了古老的電影業迷思。

作為傑出公司的執行長，我收到許多對於我們電影的回饋意見。在擔任執行長這十二年間，我從未見過觀眾像對《黑豹》這樣，難以抑制地傾吐真誠的興奮心情，以及讚美、敬重和感激的心意。這表明了展現多元聲音與願景何等重要，以及社會所有階層在我們的藝術和娛樂作品中被看見、獲得代言，可以是多麼強而有力的事情。這部電影的成功也驗證了我們願意擁護無畏的事業和創意發想，我們有能力無懈可擊地落實創新的想法，而且我們衷心致力帶給世界非凡的娛樂，畢竟世人都渴望英雄、模範角色和不可思議的傑出的說故事方式。

第11章

星際大戰

我很希望史帝夫・賈伯斯能看到我們投資漫威的成果。或許他永遠不會重視漫威的電影（儘管我認為他會讚賞《黑豹》和《驚奇隊長》悍然無視電影業界的陳腔濫調），但對於當年促成珀爾馬特出售漫威，使這個品牌在迪士尼旗下蓬勃發展，他應當會引以為傲。

在賈伯斯辭世後，每當漫威有所成就，我總會興高采烈地想起賈伯斯，**期望他也能在場與我們一起分享榮耀**。我會情不自禁地在腦海裡想像自己與他交談，向他訴說那些我渴望能在現實裡對他講的話。

在二〇一一年夏季，史帝夫曾偕夫人羅倫造訪我的洛杉磯寓所，與我和威蘿共享晚餐。那時史帝夫已屆臨癌症晚期，極其瘦弱且顯得痛苦。他的精力衰微，嗓音低沈。但他想與我們共度一晚，部分原因是想慶祝我們多年來的成就。我們於晚餐開動前舉杯相互敬酒。「看看我們做了什麼，」他說。「我們拯救了兩家公司。」

我們四人都熱淚盈眶。這是史帝夫最溫暖也最真誠的時刻。他確信，皮克斯若不是被迪士尼收購，就絕不可能這樣大放異彩，而迪士尼也因擁有皮克斯，得以重新煥發活力。我忍不住想起我們早期的對話，以及當年與他聯繫時有多麼緊張。那只是六年前，卻恍如隔世。無論是在專業上或個人層面，他對我都有舉足輕重的影響。在我們舉杯敬酒時，我幾乎無法直視威蘿。她認識賈伯斯的時間比我長得多，可追溯到一九八二年。當時史帝夫是蘋果公司幾個年輕、自傲又聰穎的創始人之一。而如今他僅餘數月生命，步履蹣跚，猶如風中殘燭。威蘿目睹他這般境況難免悲痛。

史帝夫於二〇一一年十月五日與世長辭。大約有二十五人出席在帕羅奧圖（Palo Alto）舉行的葬禮。我們聚攏於賈伯斯靈柩四周，羅倫問是否有人想說些什麼。我沒準備致詞，然而回想起幾年前與史帝夫一起走過皮克斯「校園」那段往事。

除了我們的法務長艾倫．布拉弗曼和威蘿（我需要與愛妻分享那時的強烈情感）之外，我從未告訴其他任何人這件往事。但因此事足以彰顯賈伯斯的人格特質，所以我在葬禮上說出這段回憶：史帝夫把我拉到一邊；我們一同在校園漫步；他以手臂搭著我並告知我消息；他體已地認為應當讓我掌握這項重大訊息，因為這可能影響我和迪士尼，而且他想完全地開誠布公；他感性地談起兒子，並說他要活到親眼看見兒子高中畢業及展開成年生活。

葬禮結束後，羅倫走到我面前說：「我從未對您提起那件往事的一些內情。」她描述史帝夫那晚回家後，「我們吃了晚飯，然後孩子們離開了餐桌，我問史帝夫說：『那麼，你告訴他了嗎？』『我告訴了他。』然後我說，『我們可以信任他嗎？』」羅倫告訴我這些話時，我們就站在史帝夫的墓地前。剛安葬亡夫的她給了我一份讓我往後幾乎日日魂縈夢繫的厚禮。我確實每天思念著史帝夫。「我問史帝夫我們可否信任你，」羅倫繼續說道。「而史帝夫回答說，『我愛那個傢伙』。」

我們相互懷有這樣的情感。

❀

當年我去庫帕提諾與賈伯斯諮商漫威收購案時，他曾問我是否有考慮其他併購目標。我提到了盧卡斯影業，他說：「你只需打個電話給喬治．盧卡斯。」賈伯斯當初是從喬治．盧卡斯那裡買下皮克斯，他們是長年的親密好友。他告訴我：「說不定盧卡斯會感興趣。我們兩人該找一天去他的山莊與他一起吃午餐。」

我們終究未能一同做這件事。賈伯斯不久後病況惡化，對迪士尼業務的參與日漸減少。但迪士尼完成漫威併購案後，始終把盧卡斯影業列為收購目標清單的首選對象。我一直思考應如何去跟喬治・盧卡斯洽談，才能在建議他把所創造的奇妙電影世界賣給**我們**時，不至於讓他覺得受到冒犯。

在一九八〇年代中期，麥可・艾斯納曾與喬治・盧卡斯達成授權協議，獲准在各處迪士尼樂園建造《星際大戰》與《印第安納・瓊斯》（*Indiana Jones*）主題遊樂設施。而在二〇一一年五月，迪士尼世界與迪士尼樂園《星戰大戰》遊樂設施（我們稱其為「星際之旅」〔Star Tours〕）歷經一年的整修後重新啟用。我得知盧卡斯會前往奧蘭多，重申對「星際之旅」的支持，以此向迪士尼和幻想工程的友人展示善意。於是我決定去那裡與他會合。除了偶爾的例外，我通常讓樂園與度假村負責人去參與新遊樂設施開幕活動。但這次活動是向盧卡斯提出收購構想的一個機會，我也可乘機了解他會否考慮出售盧卡斯影業給迪士尼。

我們與盧卡斯的關係可追溯到我經營ABC娛樂集團的時期。在《雙峰》影集功成名就之後，好萊塢一些最受敬重的導演開始表示，有興趣與我們合作拍攝電視影集。我當時曾與盧卡斯會談。他提出了一個電視劇構想，情節跟隨年輕的印第安納・瓊斯周遊世界各地而開展。盧卡斯說：「每集都是一堂歷史課。」印第安納・瓊斯會陸續與邱吉爾（Churchill）、佛洛伊德（Freud）、竇加（Degas）和瑪塔・哈里（Mata Hari）等歷史人物互動。我非常爽快地同意了。我們於一九九二年將《百勝天龍（少年印第安納・瓊斯）》排在週一晚上播映，作為《週一美式足球夜》節目的開場秀。該劇首播時大受歡迎，但隨後觀眾逐漸對歷史教訓失去興趣，收視率每下愈況。然而，盧卡斯已做到他承諾的一切，基於這一點，再加上盧卡斯名聲鼎盛，我覺得值得再推出第二季，讓此劇有另一次機會贏得觀眾青睞。雖然結果事與願違，但盧卡斯對我給予該劇機會，始終心懷感激。

在奧蘭多「星際之旅」遊樂設施重啟那天，我和盧卡斯在布朗德比（Brown Derby）餐廳一起吃了早餐。這家餐廳坐落於迪士尼好萊塢夢工廠「星際之旅」遊樂設施附近，通常午餐前不營業，但我請人特地準備一張餐桌，這樣我們就有了隱私。盧卡斯與未婚妻梅樂蒂·賀伯森（Mellody Hobson）到達時，看到除我之外沒其他人在場而感到驚訝。我們坐下來吃了頓美味的早餐，用餐大約過半之時，我問盧卡斯是否曾考慮過出售盧卡斯影業。我力求話語明確而直接，更用心避免冒犯他。我對當時六十八歲的他說：「喬治，我不相信該發生的終會發生，誰都無法改變。如果你不想進行這場談話，請阻止我。但我認為值得把事情攤到檯面上來談。誰也料不到將來會發生什麼事。而你沒有任何將來會接手經營公司的繼承人。未來或許會有人來支配你的公司，但不會有人經營它。你難道不該決定由誰來保護或繼承你的傳世資產嗎？」

我講這些話時，他點了點頭，然後說：「我真的還不準備出售公司。但是你說得沒錯。一旦我決定要賣掉公司時，除你之外，我不會考慮其他任何買家。」他還追憶《百勝天龍（少年印第安納·瓊斯）》影集，表示很感激我給了該劇機會，即使收視率不如人意。然後他提起我們為皮克斯所做的一切。我想必定是賈伯斯在某個時點跟他說了這些事情。「你做得對，」他說。「你關照了影集。如果我想出售公司的話，你將是我唯一的洽談對象。」

他還說了讓我往後在對談時總會想起的話：「當我往生後，訃告的第一行將會寫著：《星際大戰》的創造者喬治．盧卡斯……」我當然知道，那已成為他生命的一部分，但他直視我的眼睛、說出這樣的話，無疑凸顯了這是此次談話重中之重。這場談判不是要去收購一家企業，而是要爭取擔任盧卡斯傳世資產的管理者。對此，我必須時時刻刻謹記在心。

在佛羅里達州與盧卡斯會談之後，我決定不再進一步與他洽商，這讓邁爾和迪士尼其他一些人頗為惱火。他們都渴望併購盧卡斯影業，因為這就像我們之前收購的漫威和皮克斯一樣，非常適合迪士尼的發展策略。然而，假如要進一步商談，那必須是出於盧卡斯主動決定這麼做。我非常敬愛盧卡斯，需要他了解一切掌握在他手中。因此，我們靜觀其變。在早餐會談之後大約七個月，盧卡斯致電向我表示：「我想與你共進午餐，以便續談我們在奧蘭多商議過的那件事。」

我們於伯班克迪士尼總部舉行午餐會談。我讓盧卡斯主導這次協商，他很快言歸正傳說道，一直都在思考先前的對話，如今已準備認真著手出售公司相關事宜。然後他說想要「皮克斯協議」。盧卡斯願意商談收購案，自然讓我頗感興奮，但我也了解他提出「皮克斯協議」的用意，很顯然這意味著談判將難以一蹴可幾。我們理解盧卡斯影業深具潛在價值，但根據當時的分析結果來評估，它並不值七十四億美元。當我們尋求收購皮克斯時，皮克斯已有六部電影處於不同的製作階段，也大致知道何時能發行。這意味著很快將會有營收和利潤。皮克斯還擁有大批世界一流的工程師、經驗豐富的導演、藝術家和作家，及貨真價實的製片基礎設施。而盧卡斯影業雖也有許多才華洋溢的工作人員，其技術人才尤其優秀，但除盧卡斯外，沒有其他導演。而且，就我們所知，該公司當時並無任何製作或開發中的電影。我們做了一些功課，試圖算清楚它的價值。我與邁爾曾討論過合理的收購價錢，但畢竟它不是一家公開上市公司，因此無法取得其財務資訊。更何況，這家公司有許多我們不知道或無法看清的事情。我們基於一系列的猜測，對它做了分析，也據此建立了一個財務模型，以評價其電影和電視節目片庫；出版與授權經營資產；由《星際大戰》主導的品牌；及盧卡斯多年前所創立、提供炫人耳目電影特效的光影魔幻工業公司（Industrial Light & Magic）。

接著，我們研究了一旦擁有該公司，可以如何施展身手。當然，這也是出於推測。我們預估在收購它之後，最初六年每隔一年可製作並發行一部《星際大戰》電影。但它目前沒有任何發展中的電影計畫，因此起步階段估計需耗費一些時間。這項分析是於二〇一二年初進行，若能盡快收購盧卡斯影業，預估可在二〇一五年五月推出我們的首部《星際大戰》電影。而後續電影則可望於二〇一七年和二〇一九年發行。然後，我們估算了這些影片可能帶來的全球票房收益，當然這也是猜測出來的，畢竟上一部《星際大戰》電影《星際大戰三部曲：西斯大帝的復仇》（*Star Wars Episode III: Revenge of the Sith*）是於二〇〇五年首映，距離評估當時已有七年。邁爾彙集了一批盧卡斯影業舊電影相關評論，以及票房營收詳細報告。我們據此推測，未來併購後最初三部電影全球票房收入至少可達十億美元。

接下來，我們追蹤了他們的授權經營業務。《星際大戰》仍廣受孩子們歡迎，尤其是小男孩。他們組裝樂高千年鷹號（Lego Millennium Falcons）也玩光劍。一旦拿下盧卡斯影業該項業務，對迪士尼消費品業務是非常有價值的。但我們無法得知該公司此項業務的實際收益。最後，鑑於迪士尼持續付給盧卡斯影業，三處主題樂園「星際之旅」權利金，我們衡量了這方面的發展前景。對於打造新遊樂設施，我懷有遠大夢想，但礙於未知數過多，我們最後認定這項目價值不高甚至沒價值。

盧卡斯一心認為，盧卡斯影業的價值與皮克斯不相上下。但從我們的分析看來，情況並非如此。或許它終有一天會如盧卡斯所想，但還需要再多奮鬥幾年，而且要能拍出卓越的電影才行。我無意冒犯盧卡斯，但也不想誤導他。談判時最糟糕的事情莫過於，暗示或做出對方樂意聽到的承諾，這只會導致事後出爾反爾。你必須一開始就讓對方明白自己的立場。我很清楚，假如我誤導盧卡斯，若無其事地展開談判過程，或持續與他洽談，最終將會自食惡果。

因此，我立即表明：「喬治，不可能比照皮克斯的交易行情。」我也解釋了原因，包括向他詳述昔日拜訪皮克斯，在那裡發現的創意之富饒程度。

他霎時顯得吃了一驚。我想商談可能就此畫下句點。但他反而說：「好吧，那接下來該做什麼？」

我告訴他，我們需要仔細檢視盧卡斯影業，而且需要他的合作。我們簽署了保密協議，將以不在其內部引起過多疑問的方式，來深入了解這家公司。「我只需要您的財務長或某位熟悉財務結構的人士，為我們詳細解說，」我表示。「我們會有一個小團隊去你那邊，一切會明快地進行。我們會極為低調。除了少數幾位之外，你的員工不會知道我們在四處窺探。」

一般來說，收購價不會與初估的價值相去太遠。但業界人士出手時常會先開個低價，希望能以遠少於預估的價錢成交。在這樣的過程中，存在著疏離談判對象的風險。我告訴盧卡斯：「我不會胡搞瞎鬧這種事情。」我們會迅速評估他的公司所值價碼，且能讓董事會、股東們及華爾街投資人照單全收。我說，無論估下來的總數有多少，「我不會一開始就出低價，然後再談折衷價碼。我會比照與賈伯斯交易的方式來處理。」

雖然盧卡斯准許我們取用所需資訊，但我們最終仍無法對其公司估出確定的價值。我們主要不知該如何評估未來明快著手製拍優質電影的能力。迪士尼沒指派創意人參與收購任務，以致我們無從發想長期的創作願景。我們實在一無所知。這意味著存有諸多創意風險，對預設的併購期程造成衝擊，使其變得難以落實，甚至於不可能實現，而這將動搖我們所做的財務分析。

最後我致電告知盧卡斯，我們已把收購價限定在一個範圍內，可能是三十五億到三十七．五億美元，但我們還需要時間來確定價錢。盧卡斯已不再堅持當初提的「皮克斯價格」，但我看得出來，他不會接受任何低於漫威的價碼。於是我會見了邁爾與他的團隊，一起再次檢視我們所做的分析。我們不想虛假地調高票房收益預測值。但我知會盧卡斯的最高價碼其實還有些加碼空間，雖然砸更多錢可能影響未來拍片計畫，使其在時程與票房表現上承受更多壓力。我們能在六年內拍出三部《星際大戰》電影嗎？我們必須慎重其事。最終，邁爾與我決定向盧卡斯出價四十．五億美元，略高於我們與漫威的成交價，盧卡斯明快地點頭同意。

而接下來登場的是更棘手的談判，攸關盧卡斯將如何影響我們的創作過程。以收購皮克斯的案例來說，約翰．拉薩特與艾德．卡特莫爾事後不只參與皮克斯的電影，也投入迪士尼動畫創作。拉薩特出任首席創意總監，但仍向我彙報工作。而漫威方面，我與凱文．費奇等團隊成員會談過，了解其推展中的計畫。我們已開始密切合作，共同決定未來要製拍的漫威電影。至於盧卡斯影業，那裡唯一掌控創意的人是盧卡斯。他想要保有控制權，不想成為我們的雇員。如果我付給他逾四十億美元，然後說**公司仍是你的。請繼續製作任何你想拍的電影，並依據你能力所及去訂定工作時間表**。那我就是怠忽職責。

在電影業界，像盧卡斯這樣備受敬重的人物屈指可數。《星際大戰》始終只屬於他。不管他多大程度地理解自己正在出售公司、沒道理續掌創意控制權，其整個自我依舊完全沈浸於此：他對《星際大戰》這當代最偉大的神話故事負有重責大任。我能深刻感知，要他放手不管是很困難的事情。我絕不想在此事上冒犯了他。

然而，我也很清楚，我們不能花了錢卻依著他的意思去做，但若對他實話實說，這筆交易恐將泡湯。事情確實就是這樣。我們迅速地就收購價達成了協議，然後在盧卡斯未來角色的問題上，來來回回談判了幾個月。對於《星際大戰》冒險故事的後續發展，盧卡斯很難斷然割捨掌控權，而我們也沒理由不去爭取它。這場談判始終原地打轉，盧卡斯堅持不交出其傳世經典傑作，我們則強調買下它就是要掌控它，雙方還曾兩度退出談判（第一次是我方，第二次是盧卡斯）、揚言要取消這筆交易。

在折衝過程中某個時點，盧卡斯告訴我，他已寫好三部新電影情節大綱。他同意寄來三份副本，分別給我、布拉弗曼與霍恩各一份。霍恩當時剛應聘出掌我們的製片廠，他和我讀後決定將其買下，儘管我們於交易協議中明確指出，在合約上沒有義務恪遵盧卡斯構想的電影情節。

最終，資本收益法即將修正的法條挽救了這場談判。假如在二〇一二年底之前無法成交，完全擁有盧卡斯影業的盧卡斯，將少賺約五億美元。迫於這個財稅上的緊急狀況，他若決心出售公司，就必須盡快達成交易協議。他明白我對創意掌控權立場堅定不移，但要他接受我們的條件談何容易。他僅勉為其難地同意，會在我們提出要求時彼此協商。我方保證會對其構思抱持開放態度（做此承諾並不難；我們當然敞臂歡迎他貢獻點子），但如同前述的電影情節大綱，我們沒義務亦步亦趨地追隨他的想法。

盧卡斯於二〇一二年十月三十日，在我的辦公桌上簽署了協議，將盧卡斯影業售予迪士尼。雖然他竭盡所能不想表現出來，但從他的聲音和眼神，我能夠看出他當時內心頗為激動。畢竟，他是在簽字放棄《星際大戰》。

❀

在我們達成交易前幾個月，盧卡斯聘請了製片人凱絲．甘迺迪（Kathy Kennedy）來營運盧卡斯影業。甘迺迪曾與夫婿法蘭克．馬歇爾（Frank Marshall）和史蒂芬．史匹柏共同創立安培林娛樂公司（Amblin Entertainment），並製作了《E.T.外星人》（*E.T.*）和《侏羅紀公園》（*Jurassic Park*）等數十部頗獲好評又賣座的電影。盧卡斯此舉相當有趣。當時我們已將近成交，他卻突然決定讓甘迺迪來經營公司，並著手籌拍電影。這並沒有使我們懊惱，但確實是令人驚訝，就像甘迺迪得知公司將被賣掉時那樣訝異！甘迺迪是一位傳奇的製片人，且是優秀的事業夥伴。盧卡斯找這位信任的人來掌管他的傳世資產，是他與我們交手的最後絕招。

我們最終在二〇一二年底成交，甘迺迪、霍恩與我隨即著手尋覓創作團隊。我們說服J．J．亞伯拉罕執導首部《星際大戰》新電影，還聘請《玩具總動員3》與《小太陽的願望》（*Little Miss Sunshine*）等電影編劇麥可．安特（Michael Arndt）來寫劇本。我在ABC時期就與亞伯拉罕相識。他當年拍過《雙面女間諜》（*Alias*）和《LOST檔案》等影集。亞伯拉罕決定參與新片計畫後不久，我曾找他一起吃晚餐。對我來說，重要的是彼此坐下來談，並一同認清新計畫的賭注，遠高於我們以前做過的任何專案。我在餐敘時開玩笑說這是一部「四十億美元的電影」，意味著整個收購案仰賴它的成功。亞伯拉罕後來告訴我，這一點也不好笑。

我們在此事上利害與共，一同分擔首部不是盧卡斯製拍的《星際大戰》電影的相關責任。他對此心懷感激。在我們所有互動中，從最初商談《星際大戰》新電影的神話故事該如何開展，到訪視拍片場地和剪輯室，我都盡力溝通，讓他了解，我不僅是迪士尼的執行長，更是這個專案的**合作夥伴**，不會一味施壓促其交出傑出作品、贏得碩大票房成果。我們都承受太多壓力，因此我想讓他覺得，隨時可來電與我討論，他正努力設法解決的任何問題。而且，我也致電告訴他，我是他的資源及合作者，不會出於虛榮心、頭銜或職責，要求在這部電影上留下個人印記。幸運的是，我們的感性和品味不謀而合。而且，對於什麼做法窒礙難行，該怎麼做才能立竿見影，我們所見略同。新電影籌畫和製作的過程相當漫長，拍攝地點遍及洛杉磯、倫敦松林製片廠（Pinewood Studios）、冰島、蘇格蘭和阿布達比，在此期間，亞伯拉罕向盧卡斯、《星際大戰》影迷、媒體和我們的投資人證明了，他是一位優秀的同仁，從未忘卻其面臨的艱巨挑戰，也未曾怠忽所肩負的重責大任。

在應對挑戰上，並沒有教戰守則可供參考。但總括來說，你必須努力認清，當專案的風險極高時，若加大工作人員的壓力，其實難收成效。將你個人的焦慮投射於工作團隊只會適得其反。表明你和團隊**共同**承受壓力（同舟共濟），與要求團隊交出成績以化解壓力，是兩種存有微妙區別的溝通方式。我們無需特意提醒工作人員其所面臨的風險。我的工作是當團隊遇到創作上和實際的難題時，讓大家不至於喪失雄心壯志，並幫助團隊以最佳的可行方式解決問題。有時我需要分配更多的資源，有時必須充分討論新的劇本草稿，或觀看沒完沒了的毛片和無數的剪輯片段。而通常我只是適時提醒亞伯拉罕、甘迺迪和霍恩，我相信他們是製拍這部電影的最佳人選。

這並不是說整個過程從開始就一帆風順。在拍片初期，甘迺迪曾帶亞伯拉罕和安特到北加州的天行者牧場會見盧卡斯，並談論他們關於新片的各種想法。當他們開始描述電影情節時，盧卡斯立即感到不高興，他開始明白，談判時提交的幾個故事大綱無一獲得採用。

說實話，甘迺迪、霍恩和我討論過《星際大戰》傳奇故事的發展趨向，我們一致同意不照盧卡斯勾勒的故事方向走。盧卡斯知道，我們在合約上不受任何約束，但他認為我們既然買下故事草稿，就是默認會追隨他概述的方向去發展情節，因此對其構思遭到棄而不用深感失望。自從我們初次洽談以來，我一直慎重地不以任何方式誤導他，我也不認為曾使他誤解過什麼。但是，我本來可以把此事處理得更好。我當初應在亞伯拉罕和安特去拜訪前，先讓盧卡斯做好心理準備，讓他事先知道，我們覺得故事朝其他方向發展會更好。我應當向他詳細說明此事，這樣或可避免使他因驚訝而導致氣惱。儘管他原本就絕不可能對整個過程輕鬆看待，但隨著他在這場首次會談感到遭受背叛，製拍計畫從一開始就不必要地磕磕絆絆。

❀

除了盧卡斯感到忿忿不平之外，其他還有一些你爭我奪的事情。負責劇本的安特苦苦掙扎了數個月後，最終遭亞伯拉罕與甘迺迪撤換，取而代之的是賴瑞・卡斯丹（Larry Kasdan），曾與盧卡斯合寫過《星際大戰五部曲：帝國大反擊》（*The Empire Strikes Back*）及《星際大戰六部曲：絕地大反攻》（*Return of the Jedi*）的劇本（還有《法櫃奇兵》〔*Raiders of the Lost Ark*〕和《大寒》〔*The Big Chill*〕等許多作品）。卡斯丹和亞伯拉罕非常迅速地完成了劇本初稿，拍攝工作隨後於二〇一四年春季啟動。

我們最初計畫於二〇一五年五月推出這部新片，但因初期的劇本寫作有所延宕，加上後來還橫生一些枝節，結果直到二〇一五年十二月，新作才得以發行。這導致此片沒被計入二〇一五會計年度，而歸入二〇一六會計年度。我在收購盧卡斯影業前向董事會所做的簡報，以及我們對投資人揭露的訊息都擔保，這項投資會在二〇一五年開始獲得報酬。未料事與願違。數百萬美元的收益被移入新一個會計年度。這雖不是什麼大不了的事情，但仍必須處理。

電影製片廠常犯的一項重大錯誤是，鎖定發行日期，然後任其影響創作決策，這經常造成尚未準備就緒便匆忙進入電影製作過程。我盡力不屈服於預定期程的壓力。最好別顧慮發行期限，不停地努力拍出更好的電影。我們始終竭盡所能，讓品質重於一切，即使這意味損益表底線（盈餘）會承受短期的打擊。我們根本不想推出一部不符合《星際大戰》影迷期望的電影。最重要的是，要獻給熱情的影迷們值得鍾愛與忠誠擁護的作品。如果我們的首部《星際大戰》電影做不到這點，觀眾對我們的信任將會破裂，且難以復舊如初。

在全球首映之前，甘迺迪先讓盧卡斯看了《星際大戰七部曲：原力覺醒》（*The Force Awakens*）。他並未掩飾對這部《星際大戰》新作的失望，認為它「毫無新意」。在其原創的《星際大戰》三部曲中，盧卡斯極重視呈現給觀眾嶄新的世界、新穎的故事、新奇的角色以及創新的科技。他批評新作：「在視覺或技術上未能突飛猛進。」這無可厚非，但他不了解，我們為求拍出能獲熱心影迷肯定的典型《星際大戰》電影，承受了莫大壓力。為求能與早期

《星際大戰》電影的世界聯繫起來，工作團隊在視覺和色調處理上絞盡腦汁，努力呈現出觀眾所鍾愛和期望的一切。而盧卡斯對於這些我們全力以赴的事情，竟然未給予好評。但我相信，當數年後有了更多《星際大戰》系列電影時，再來回顧這部作品將可看出，亞伯拉罕完成了幾乎不可能的任務，為過去和未來的《星際大戰》電影搭造了完美的橋梁。

除了盧卡斯的反應之外，有不少媒體和《星際大戰》系列電影死忠影迷紛紛猜測，《星際大戰》電影會如何被「迪士尼化」。事實上，我決定比照漫威電影，在影片工作人員名單中任何地方，或是行銷活動上，完全不打出「迪士尼」的字樣。而且，我們也未對《星際大戰》識別標誌做任何修改。從動畫品牌的觀點來看，「迪士尼－皮克斯」的結合自有其意義。但對於盧卡斯的影迷，迪士尼首先必須向他們保證，我們也是《星際大戰》系列電影粉絲，而且很尊重其創造者。我們更尋求發揚光大盧卡斯的傳世經典，絕對無意竄改它。

儘管盧卡斯對《星際大戰》新電影有些怨言，但我認為，出席《星際大戰七部曲：原力覺醒》首映典禮，對他來說是重要的事情。盧卡斯起初並不想參加，但甘迺迪與盧卡斯夫人梅樂蒂一同勸說，終於說服他做了正確的事。在我們達成收購盧卡斯影業的協議之前，最終階段的談判事項包括「禁止貶低條款」（non-disparagement clause）。我當時要求盧卡斯同意，不公開批評我們製作的任何《星際大戰》新電影。在我提出此事後，盧卡斯表示：「我將成為華特迪士尼公司的大股東，為何要貶低你或你做的任何事情？你必須信任我。」我相信他說的是真話。

而眼前的問題在於如何處理好首映事宜。我想讓世人明白，這是亞伯拉罕與甘迺迪的電影，而且是我們首部《星際大戰》電影。當然，它也是我出任迪士尼執行長後截至當時發行的最大手筆電影。我們在杜比劇院，也就是歷屆奧斯卡金像獎頒獎典禮會場，舉辦了盛大首映儀式。我率先上台，在介紹亞伯拉罕與甘迺迪出場前致詞說：「我們是因為一位人士而聚集在此，他創造了當代最偉大的神話故事，然後將它託付給了華特迪士尼公司。」盧卡斯當時就坐在觀眾席。眾人紛紛起立鼓掌向他致敬，興高采烈的歡呼聲歷久不衰。我太太威蘿（在盧卡斯背後那排座位，為數千人簇擁下的盧卡斯拍了一張完美照片。我後來看到這照片時相當開心，畫面中盧卡斯面對眾人傾瀉的仰慕之意，流露出欣喜又感激的表情。

電影首映後創下一連串輝煌票房紀錄，我們全都如釋重負。首部《星際大戰》新片大功告成，影迷顯然喜愛它。此後不久，電視上播出盧卡斯數週前接受脫口秀主持人查理．羅斯（Charlie Rose）訪談的內容。盧卡斯在節目中提到，我們未依其故事大綱拍片，令他心灰意冷。他還說，把公司售予迪士尼，宛如把自己的小孩賣給「白人奴隸主」。盧卡斯這樣形容其出售公司的感覺，讓我覺得不恰當，且甚為難堪。但我決定對此保持緘默，靜待事過境遷。畢竟不論是發動公開論戰，或是起而為己方辯護，終究都無濟於事。後來，梅樂蒂寄了一份致歉電郵向我解釋說，這一切對盧卡斯而言是無比艱難的。接著，盧卡斯來電表示：「我逾越分寸了。我不該說那樣的話。我只是想說明，要看開這整件事有多麼困難。」

我向他表明可以理解此事。四年半以前，我與盧卡斯共進早餐商談收購案時，曾力圖讓他了解，我很清楚他相當為難。我也告訴他，一旦準備成交，盡可信任我。我敬重盧卡斯的成就，也明白出售公司對他個人的深刻意義，但我同時也肩負著迪士尼的職責。如何在這兩者間取得平衡，這個難題始終於我們談判收購價碼、商議盧卡斯對後續創作的參與問題時，一再考驗著我。我對盧卡斯可以感同身受，但不能任他予取予求。我在談判進程中每個步驟都有必要表明自己的立場，但我同時也敏銳感知，他在整個過程中情緒難免激動。

回顧迪士尼併購皮克斯、漫威與盧卡斯影業的歷程可發現，我們對此三案維持著一貫的思路，也就是每筆交易的成敗，都取決於我們能否與唯一的控權人建立信任關係。（此外，整體來說，這三者改造了迪士尼。）這三筆交易都有複雜的問題需要談判，我們各自的團隊歷經了數週漫長的折衝才獲致協議。每筆交易的成敗總是會受個人因素影響，而與談者是否真誠可靠尤其是關鍵要素。賈伯斯需要我信守承諾，尊重皮克斯的創作精神。珀爾馬特需要我珍視漫威團隊，使其有機會在迪士尼旗下大顯身手。而盧卡斯必須信任我，其傳世經典（他的「孩子」）會得到很好的照顧。

第12章
不創新，就等死

當迪士尼的「三大」收購案一切塵埃落定後，我們開始更加關注媒體事業正歷經的戲劇性變化，且察覺到意義深遠的破壞式創新正在發生。媒體事業的未來極度令人憂心忡忡，我們論斷，著手以新穎且入時的方式發行內容的時機已成熟。而且，我們不能透過任何營銷中介，必須在自己的技術平台上做這件事。

我們面臨的問題包括：能否找到達成目標所需的科技？能否站上變革的最前沿、避免慘遭淘汰？是否有膽識對仍具利潤的業務採行「品牌替換」（cannibalizing，又稱「侵蝕效應」，指公司一項新產品的銷售會擠占原有產品的銷售）的做法，以著手打造新商業模式？能否顛覆自己以創造破壞者優勢？當我們力圖使迪士尼轉型為真正的現代化公司時，華爾街會容忍我們必然蒙受的損失嗎？

無論如何，我確信必須放手一搏。畢竟需要不斷創新是一項陳年課題，始終周而復始地考驗著我們。因此，接下來要考量的問題是：我們應自力打造技術平台還是花錢去買？邁爾曾警告我，自力研發不但需耗時五年且所費不貲。而買技術則能使我們快速轉進，在一切瞬息萬變的當下，顯然勝過耐心等候研發成果。我們檢視了收購其他公司的可行性，谷歌（Google）、蘋果、亞馬遜（Amazon）與臉書（Facebook）這些大型企業自然沒得商量，而且據我們所知，它們也沒打算併購迪士尼。（儘管我相信，賈伯斯若還在世，我們的公司可能會合併，或者至少會認真商討這是否可行。）

其餘值得考慮的公司包括Snapchat、Spotify以及推特（Twitter）。就規模來說，這些都是我們收購能力所及的公司，而且都有可能出售，也都能達到我們需求的品質、有效率且迅速地觸及消費者。迪士尼看中意的是推特。我們對其產生興趣，原因不在於它是社群媒體公司，主要看上它是具有全球觸及能力的新型流通平台，可以用來發表電影、電視節目、體育節目和新聞。

迪士尼於二〇一六年夏季向推特表明收購意願。推特對此興致勃勃，但覺得有必要試探一下市場行情，迫使我們勉為其難地參與推特售案競標。當年初秋時分，我們的交易只差臨門一腳。推特董事會率先支持將公司售予迪士尼，接著迪士尼董事會在十月某個週五下午拍板定案。然而，我在那個週末斷然決定對此喊停。如果說，先前幾件收購案（尤其是收購皮克斯）能成交，是出於我憑直覺認定這是正確的做法，那麼我對收購推特案的直覺，則是這並非正確的事。我內心感覺不對，腦海中不斷回響著湯姆・墨菲多年前說的話：「如果**你**覺得某件事情不對，那麼它可能就不**適合**你去做。」我清楚了解推特能實現我們的新目標，但有些關涉此品牌的問題困擾著我。

對我們來說，推特確實是具有潛力的強大平台，但我不能無視它面臨的各項挑戰。我無法一一列出它所有的課題與爭議，但其中包括如何管理仇恨言論、涉及言論自由的決策令人憂慮、該怎麼處理那些散布政治「訊息」意圖影響選舉的假帳號，以及用戶隨處瀰漫的怒氣，和有時顯而易見的蠻橫無禮。這些都將成為我們的難題，而我們毫無應對類似問題的經驗，這使我深感迪士尼品牌恐將遭受危害。在董事會批准我著手收購推特之後的那個週日，我寄出便箋給所有董事會成員，表明我想打退堂鼓，並解釋我臨陣變卦的理由。然後我致電告知推特執行長傑克・多西（Jack Dorsey）。多西同時也是迪士尼董事會成員，他聞訊大感震驚，但仍舊極為客氣。最終我祝他好運，掛電話後如釋重負。

大約在與推特談判的同一時間，我們投資了一家名為BAMTech的公司，其主要股東為美國職棒大聯盟（Major League Baseball）。該公司擁有完美的影音串流技術，職棒迷只要訂閱其線上服務，就可即時觀賞所愛球隊的比賽直播。（該公司在HBO自力研發串流影音服務技術失敗後受聘，於緊迫的時間壓力下打造出HBO Now串流服務平台，使《冰與火之歌：權力遊戲》〔*Game of Thrones*〕影集第五季節目得以及時上線。）

在二〇一六年八月，我們同意以約十億美元購買該公司三三％股份，並買進選擇權，約定於二〇二〇年購得該公司控制股權。我們最初打算創立與ESPN電視網節目相輔相成的訂閱服務，以此因應ESPN業務上面臨的各項威脅，但隨著各家科技公司日益深化對娛樂內容訂閱服務的投資，我們創造「直接服務消費者」（direct-to-consumer）搭售服務（涵蓋體育節目、電視節目與電影）的急迫需求日益殷切。

十個月後，二〇一七年六月期間，我們在奧蘭多迪士尼世界舉行年度的董事會集體靜思會議。這是我們一年一度的擴大董事會議，在此期間會提呈包含財務預測的五年計畫，並討論特定的策略議題與各項挑戰。我們當年決定將整個會期用來討論破壞式創新，我還指示旗下各事業領導人向董事會簡報，他們所見的破壞式創新程度，並預測這將對其負責的事務帶來什麼樣的衝擊。

我很清楚董事會將要求我們提出應對方案，而我也不喜歡把問題攤開來，卻不知如何處理。（我總是告誡手下團隊，盡可來找我談問題，但也要拿得出可行的解決辦法。）因此，在詳細報告我們正在經歷及預料將會發生的種種變化後，我們向董事會提呈了一項無畏、積極又全面的解決方案：加快我們購得BAMTech控制股權的進程，然後運用這個平台來啟動迪士尼與ESPN的「直接服務消費者」OTT（over the top）影音串流服務。

董事會不但支持這個計畫，還敦促我盡快採取行動，他們說「速度至關緊要」。（此事證明我們的董事會成員不但明智又有自信，而且對於當下的市場動態有直接和貼切的掌握。來自Nike的馬克・帕克〔Mark Parker〕，以及通用汽車公司的瑪麗・芭拉〔Mary Barra〕是兩個完美的範例。他們都見證過各自公司的破壞式創新，兩人均敏銳地察覺，若不能迅速適應變遷，將深陷險境。）在董事會集體靜思會議結束後，我立即與手下團隊會談，告知董事會的回饋意見，並責成邁爾趕快洽購BAMTech控制股權，另外也指示其他人為公司轉進串流服務做好準備。

在二〇一七年八月的迪士尼財務報表發布會上，我們正式宣布將加快收購BAMTech控制股權的進程，並公開我們啟動兩項串流服務的計畫：二〇一八年ESPN先打頭陣，二〇一九年迪士尼隨後跟進。此時距離我坦承公司面臨破壞式創新的挑戰、股價應聲重挫那次悲慘的財報會正好兩年。而這次我們的股價應聲勁揚。投資人了解我們的策略，而且意識到變革的必要性，以及這將帶來的商機。

這項宣布標誌迪士尼再造過程鳴槍起跑。我們仍會繼續支持傳統電視頻道節目，前提是要能維持不錯的報酬。我們也會持續在世界各地電影院放映迪士尼影片，但我們更全力投入自製內容「直接服務消費者」串流服務，且不仰賴中介商。我們加緊推動公司的破壞式創新，且明白短期內勢將蒙受相當可觀的損失。（舉例來說，從網飛〔Netflix〕平台撤掉我們包括皮克斯、漫威與《星際大戰》的所有電影與電視節目，將其納入迪士尼自營的訂閱服務，會使我們損失數億美元的授權金。）

這幾年期間，我時常談到一個概念，我稱之為「借助新聞稿的管理術」（management by press release），意思是每當我對外界講了深具說服力的話，總是能在自己公司內部產生強烈共鳴。在二〇一五年，投資界一面倒看壞我們。而我當時實事求是的做法，激勵公司內部肯定我很認真在處理事情，從而產生上行下效的結果。在二〇一七年的財報會上也可見類似情形。團隊明白我很鄭重地謀求革新，而且鑑於我廣泛與投資人等多方溝通，且獲熱烈回應，夥伴們更加衝勁十足，全力以赴。

在宣布新計畫之前，我曾假設，公司朝新商業模式轉變的過程，將像嬰兒學步一樣，只能慢條斯理地編寫應用程式，不慌不忙地決定把哪些內容上線。而如今，鑑於反應如此正面，整個策略相應地變得更加迫切。我們不能辜負大家的期望。這意味著我們承受的壓力益加沈重。但這也使得我在公司內部，擁有了更強大的溝通工具，以便在變動如此巨大且快速的情況下，應對理所當然會出現的內部抗拒。

針對基本上仍舊可行但前途堪慮的商業模式，做出破壞式創新的決定，且決心承擔短期的損失以求獲得長期的成長，這是需要極大勇氣才做得到的事情。我們必須顛覆一切例行程序和優先事項，變更工作內容，以及重新分派職責。當傳統的做生意方法式微，新的模式逐漸冒出頭時，人們難免惴惴不安。從人事的角度來看，管理工作會更加棘手，管理者需要進一步向屬下強調，彼此休戚與共。這是在任何情況下，領導人必備的關鍵素質。領導者固然可以輕鬆地向屬下示意，自己的行程排得很滿，時間非常寶貴，無暇顧及個別員工的問題與關切事項。然而，若能與屬下同舟共濟，讓大家確知你始終在場，隨時可為他們分憂解勞，這對於提振工作士氣與效率，會有莫大幫助。以迪士尼這種規模的公司來說，這意味著我必須行旅世界各地參與定期的會議，包括與各業務部門開會，回應其關切事項，及溝通我的想法；這另外也意味著，我必須適時且深思熟慮地應對向我提報的任何議題，包括以電話及電子郵件答覆，騰出時間商談特定問題，且要敏銳地察知大家感受的壓力。在我們踏上嶄新而不確定的發展道路時，這一切甚至成為我的工作中更加重要的事項。

在八月宣布新計畫後，我們立刻雙管齊下展開新工作。在技術層面，BAMTech一個團隊與迪士尼已就緒的一個小組，著手為我們的「ESPN+」以及「Disney+」新串流服務打造各式介面。接下來幾個月期間，邁爾與我則陸續於紐約和洛杉磯，與BAMTech的團隊會合，以測試不斷精進的應用程式：分析各選項方塊的大小、顏色與位置；使應用程式操作起來更加得心應手；決定演算法與資料蒐集（data collection）運作方式，以及如何呈現我們的內容與品牌。

同時，我們在洛杉磯有個團隊負責研發與製作，適合在「Disney+」上架的內容。我們已有龐大的電影與電視節目片庫（雖然歷年來授權給第三方的某些權利必須購回），但最大的問題在於：我們要為新串流服務創造什麼樣的原創內容？我找了電影製片廠和電視事業部的負責人會談，以敲定哪些進行中的專案要在戲院發行，哪些要在電視頻道播出，哪些要放上新的串流服務平台。我們要專為新串流服務創造什麼新專案？比如說，像既有的作品那般雄心勃勃且具原創性的《星際大戰》、漫威和皮克斯故事？我聚集了迪士尼旗下所有製片廠的資深人員，向他們表明：「我不想創立一個新製片廠來為『Disney+』產製新作。我要你們來做這件事。」

這些資深高階主管在發展各自業務上均長年訓練有素，他們也都享有依據利潤發給的額外報酬。而我突如其來的這項要求基本上就像是對他們說：「別再那麼專注於曾經極為成功的業務，要開始更加投入於我所要求的事情。此外，你們必須與其他團隊極具競爭力的人一同致力於新業務，而且他們未必與你們利害與共。另外還有一點，新業務短期內賺不到錢。」

為了使他們全體同意加入我們的行列，我不但必須強調為何這些變革是必要的，同時也必須創造全新的誘因來獎勵他們。我們削弱且顛覆他們既有的業務自有目的，不可為達目的而去懲罰他們。而且，初期還沒有盈餘指標可藉以評估新業務是否「成功」。我們大幅度**加重**其工作分量，若再沿用傳統的獎酬辦法，形同相對**減少**他們的收入，這肯定行不通。

我向董事會獎酬委員會說明了這個兩難問題。在推動創新時，一切都需要變革，而不是只改變產品的產銷方式。公司內部許多慣常做法與既有結構也必須調整。以我們的案例來說，這包括董事會獎勵高階主管的方法。我提出了一個激進的想法，基本上就是：由我根據個別高階主管對新策略的貢獻，來決定獎酬方式，儘管礙於不易衡量財務成果，這將遠比現行的獎酬慣例更加出自主觀判斷。我建議以配股方式，來激勵那些加緊努力使新計畫成功的高階主管。董事會最初對此有所疑慮，畢竟這是前所未有的做法。我告訴他們：「我明白為何有些公司無法創新，原因就在於傳統的束縛。傳統會在每個步驟上阻礙創新。」我舉例說明，投資界常不分辨狀況，就以行動懲罰利潤降減的老字號公司，導致那些公司一再打安全牌，故步自封，不願投資以推動長期成長，或調適變局。我更直言：「你們甚至因為沒有先例，而不知該如何配股獎勵員工。」在所有發展階段中，我們始終逆流而上。我要求他們：「你們必須選擇，究竟是要淪為『創新的兩難』的犧牲品，還是要背水一戰？」

即使我沒說那些激動人心的話，董事會可能還是會認清現實。（我與董事會向來關係良好，他們幾乎支持我想做的每一件事。）在我這席嚴厲的批評收尾之前，獎酬委員會一名成員回應說「我同意」，接著另一位成員立刻附議，就這樣促成了我的提案最終獲得批准。於是，我向高階主管們說明新配股方案將如何運作。我將在每年年終決定如何配股，不是依據公司營收，而是按照他們的團隊合作成果。我告訴他們：「我完全不想玩政治。這件事情太重要了。這是為公司著想，對各位都有好處。我需要你們把握時機，趕緊採取行動。」

❀

在八月發表財報及宣布BAMTech案後不到兩週，魯柏．梅鐸（Rupert Murdoch）致電邀我於某日傍晚到他家喝酒。梅鐸住在加州貝沙灣華美的一九四〇年代宅邸，從那裡可以眺望他的莫拉加葡萄園（Moraga Vineyards）酒莊。我們分屬不同的世代，出身背景迥然有別，且政治觀點大相逕庭，但我們長期以來相互尊重彼此的商業直覺。他白手起家而能建立媒體與娛樂帝國，對我來說，始終耐人尋味。

自從我於二〇〇五年出任迪士尼執行長後，我們偶爾會聚首用餐或把酒言歡。由於彼此都是Hulu（一個付費觀看正版影視節目的網站，其名源於中文的「葫蘆」發音）的合作夥伴，因而有時會相互討論特定的商務，但更常做的是閒聊瞬息萬變的媒體前景，以及互訴彼此的近況。

儘管如此，在接獲梅鐸的邀約時，我猜想他是要試探我，是否正考慮競逐二〇二〇年白宮寶座。關於我熱心政治且可能參選總統的傳言早已甚囂塵上，川普政府某些成員，包括凱莉安．康威（Kellyanne Conway）和安東尼．斯卡拉姆齊（Anthony Scaramucci）都曾向我們公司內部人員提起這個問題。因此，我猜測梅鐸是想親自了解實情。

我向來關心政治與政策，且時常思考一旦離開迪士尼後要如何報效國家。這些年來，有許多人對我灌輸未來應競選公職的想法，其中也包括角逐總統大位，雖然這些話能引起我的興趣，但同時也讓我覺得荒謬。在二〇一六年大選前，我就堅信美國選民已準備好選舉政治素人來領導國家。當時社會普遍對於包括各政黨的傳統政治深感不滿，而且政府與政壇就像企業一樣，正歷經深層的破壞式創新。（唐納．川普勝選至少在某種程度上證明，我的預感正確無誤。）

在梅鐸邀我會面那段時期，我確實一直在探究選總統的可行性，儘管我很清楚希望非常渺茫。我與民主黨內數十位具影響力人士談過，其中有些是前總統歐巴馬政府的成員，另有國會議員、民調專家、募款人和過去幾屆總統選戰的幕僚人員。我也如痴如狂地做了相關研究，拚命閱讀論文與報刊文章，題材涵蓋醫療健保、稅賦、移民法、國際貿易政策、環保議題、中東歷史、聯邦利率，不一而足。我還讀了一些傑出的演講稿，包括隆納德．雷根（Ronald Reagan）在第二次世界大戰盟軍登陸諾曼（D-Day）四十週年紀念日發表的演說、羅伯特．甘迺迪（Robert Kennedy）在馬丁．路德．金恩遭暗殺後於印第安納波利斯（Indianapolis）的即興演說、富蘭克林．羅斯福（Franklin Roosevelt）與約翰．甘迺迪（John F. Kennedy）的總統就職演說、歐巴馬在南卡羅來納州查爾斯頓（Charleston）非洲衛理公會教會（A.M.E. church）屠殺案之後發表的演說，以及邱吉爾的無數演說。我甚至還重讀「憲法」和「權利法案」。（我還做了一場沒準備就上台辯論的噩夢，而在半夜驚醒，不知道這是不是關於我應否參選的一個徵兆。）我力圖不要顯得自以為是。雖然我有能力領導大型跨國公司，但這未必意味著我夠資格擔任美國總統，而且這也沒為我開創出明確的或輕易的勝選之路，因此，我絕非堅決地想投入選戰。（事實上，對於民主黨支持成功商界人士參選的意願與能力，我心存疑慮。）

當我到訪梅鐸的宅邸，兩人坐定，一名助理為我們斟完酒後，梅鐸劈頭就問：「你要選總統嗎？」

我心想，我果然猜對了。但我無意直言無諱地把想法告訴梅鐸，因為我估計這會被福斯新聞網拿來炒作。所以，我告訴他：「不，我不選。有很多人跟我談過此事，我也做了一些考量，但這想法太瘋狂了，我絕不可能去嘗試。而且，我夫人痛恨這個主意。」最後這句是實話。威蘿曾對我開玩笑說：「你可以競選任何公職，但這任老婆不會相陪。」她很了解我，所以知道這項挑戰會吸引我，但她非常擔心這會如何影響我們的家庭與生活。（後來她告訴我，無論好壞，她都已嫁給我了，「因此，若你覺得非選不可，即使我很不情願，仍會支持你」。）

我納悶梅鐸接下來會跟我談什麼，結果他把大部分時間，都用來討論我們各自的事業面臨的種種威脅：大型科技公司進軍媒體與娛樂事業，一切事物都在快速變化，而事業規模攸關大局。他顯然很擔心二十一世紀福斯公司的未來，接連說了好幾次：「我們的格局不夠大。」他還表示：「迪士尼是唯一具備規模的公司。」

我當天傍晚告別時，不得不認為梅鐸是向我示意，他有興趣做不可思議的事。在乘車回家路上，我致電布拉弗曼說：「我剛與梅鐸會談過。我認為他可能有意出售公司。」

我請布拉弗曼著手詳列一份福斯所有資產清單，並從監管單位的角度分析，我們能否買下這些資產？接著我致電邁爾告知此事，以了解他初步的反應。我也請邁爾整理一份清單，並著手思考收購福斯全部或部分資產的可行性。

隔天，我打電話追問梅鐸：「如果我對你的意思解讀無誤，倘若我們有意收購你的公司，或買下其部分資產，你能接受嗎？」

他答說：「可以。你當真想買？」我回說很感興趣，但請他多給我一些時間思考此事。

然後，他說：「除非你同意於預定退休日屆期後繼續留在迪士尼，否則我不會有所行動。」。我當時的退休日期是二〇一九年六月。我告訴梅鐸，我不認為迪士尼董事會將考慮這種大型收購案，除非我同意延長任期。我們約定數週後再談，然後掛掉電話。我霍然覺得人生將改弦易轍，而促使我改變的催化劑將不會是總統寶座。

❀

接下來幾個星期，布拉弗曼、邁爾與我著手設法了解，收購福斯的可行性，以及此事對於迪士尼的意義。布拉弗曼立刻排除了福斯的一些資產。根據法規，在美國不可同時擁有兩個無線廣播電視網（這在當今的世界已有些過時且不切實際，但我們必須守法），因此福斯電視網不予考慮。而我們與福斯的兩個主要體育頻道勢均力敵，所以無需買下它們，否則此項業務的市占率將會過高。

至於福斯新聞網，那是梅鐸珍視的資產，我從未期望他會割愛。此外，我也看不出買下它的好處。若我們按照現行定位來經營它，將會遭到左派撻伐，但若我們膽敢將其轉向中間陣營，又將成為右派眾矢之的。我對於福斯新聞網的看法其實也無關緊要，畢竟梅鐸絕不會把它拿出來求售。

梅鐸另有一些較小卻碰不得的資產。除了這些之外，我們可選擇的資產組合頗為廣泛：包括福斯探照燈影業（Fox Searchlight Pictures）等電影製片廠；其在Hulu的股份，這可使我們擁有Hulu這個平台的大多數股權；FX電視網；福斯體育網（Fox Sports Networks）地方頻道（我們日後必須出售其中一部分）；國家地理頻道（National Geographic）控股權；主要在印度擴展的一系列形形色色國際業務；以及歐洲最大也最成功的衛星電視業者天空公司（Sky）三九%的股份。

我讓邁爾從財務與策略層面分析這些資產。基本上，就是請他組個團隊，不辭辛勞地審查這一切，不但要檢視其目前的業績，還要預測其未來能有什麼作為，在當前的破壞式創新大環境中會如何表現。我們新任命的財務長克莉絲汀．麥卡錫（Christine McCarthy）也與聞此事。她曾參與我們先前幾件收購案，且對本案躍躍欲試。而這項挑戰將嚴厲地考驗她。

當我們領略了這些資產當前與未來的價值之後，接下來要釐清的問題是：我們兩家公司合起來有多大價值？我們要如何藉由結合兩者來挖掘出更多價值？很顯然，一舉營運兩者，會更有效率。比如說，將兩家電影製片廠置於同一經營體系下，可以運作得更加卓有成效。另外，我們也可在市場上取得以小搏大的施力槓桿。一旦我們擁有更多外國當地資產後，將可獲致更趨完善的進軍國際市場管道。舉例來說，我們在印度的事業才剛起步，而梅鐸已在印度大舉投資「直接服務消費者」業務，也創設了優秀的電視製作工作室，且大手筆延攬創意人才，這些都讓我們難望項背。就如同其他收購案一樣，人才是我們的考量要項。將梅鐸的員工納入我們的人才庫，能使我們的事業更上一層樓嗎？答案絕對是肯定的。

我們最終估計，兩家公司合併後的價值高於兩者分立的價值約數十億美元。（當企業稅法修改後，數值會更加龐大。）邁爾給我看了極為詳盡的全面分析，然後向我表示：「他們確實有些很好的資產。」

我答說：「我知道他們擁有大量資產。它的品牌敘事呢？」

邁爾回說：「正合你意！」我們甚至還沒啟動談判，他就已開始在心中盤算了。「無疑就是你的品牌敘事！高品質的內容、技術和全球布局。」邁爾更認為，從我們新策略的眼光來看，這些資產尤其絕妙，將會成為我們未來成長的關鍵要項。邁爾、布拉弗曼與麥卡錫全都支持我進一步與梅鐸洽談，即使這甚至比皮克斯、漫威和盧卡斯影業三個收購案合起來更加龐大。我感覺此案潛在價值雖幾近一應俱全，但其風險也相應的層出不窮。

第13章

誠信無價

影響魯柏．梅鐸出售公司決定的能力直接反映出，這樣的能力會促使我們為公司打造全新策略。當他思忖二十一世紀福斯公司在此混亂世道的未來時，判定最明智的做法是出售，給他的股東和家人將二十一世紀福斯公司的股票轉換成迪士尼股票的機會，相信我們更有能力挺過變局，也相信經過合併，我們會更加強健。

這場混亂會如何橫掃我們的產業，再怎麼強調也不為過，但梅鐸的決定——轉賣他近乎白手起家的公司——正充分象徵其避無可避。就在梅鐸和我初步洽談這項將耗時近兩年、改變媒體生態的重大交易之際，一場徹底改造社會的變革也在進行——比我們當時經歷的巨大技術變革還要深刻。諸多對於絕不可接受行為的嚴厲指控，特別是在我們這個產業——包括性騷擾或侵犯的行為，以及好萊塢等地女性機會平等及同工同酬

——催化了早該展開的行動。針對哈維．溫斯坦所提出令人毛骨悚然的具體指控如同打開了閘門，讓其他許多人勇敢舉出自己的受害經歷。幾乎每家娛樂產業公司，都必須處理和裁決組織內的控訴。

在迪士尼，我們一直相信營造並維繫一個讓眾人覺得安全的環境是至關重要的事。但目前的情況很清楚：我們需要做更多事情來確保任何曾被傷害或目擊傷害事件的人願意挺身而出，知道他們的聲音會被聽見、被正視，公司會採取行動，且保護他們不受報復。我們覺得有迫切必要來評估我們的標準和價值觀是否得到遵守，所以我責請人資團隊進行徹底分析，包括在公司所有層級展開對話，制定程序，力求公正，並落實我們保護所有出面者的承諾。

二〇一七年秋天，我們聽到皮克斯的男性及女性同仁抱怨約翰．拉薩特有不必要的身體接觸。大家都知道約翰喜歡抱來抱去，雖然很多人覺得這種行為無傷大雅，但顯然不是大家都這麼認為。我幾年前就曾和約翰談過這件事，但這些新的指控更加嚴厲，我很清楚，他得出來面對。

同年十一月，阿倫．霍恩和我找約翰碰面，而我們一致同意，對他來說最好的做法是休假六個月反省自己的行為，並給我們時間評估狀況。約翰離開前對他的團隊發表聲明。「對我來說，你們大家就代表整個世界。」他這麼寫道：「如果我讓你們失望了，我深表歉意。我特別要向任何曾受過我不當擁抱或其他任何越線之舉的同事致歉。即便我是出自善意，人人都有權利劃定自己的界線，並得到尊重。」

約翰不在的時候，我們在皮克斯與迪士尼動畫公司建立領導結構，並和兩邊同事進行數十次訪談，判斷對組織最好的做法。

❀

接下來六個月的考驗，包括研擬我們直接服務消費者的策略、處理備受矚目的人事議題、分析並洽談福斯交易案，正如我生涯任何時期一般艱巨。我越來越相信，就業務內容、全球觸及範圍、才華與技術而言，福斯擁有的一切，將能讓我們徹底改造翻新。如果我們能收購福斯，一面迅速、平穩地加以整合，一面履行直接服務消費者的願景——好一串令人望而生畏的**如果**——迪士尼將能立於史上最穩固的基礎來面對未來。

隨著討論繼續進行，魯柏．梅鐸惦記著三件事。首先，在所有可能有意收購福斯的公司中，迪士尼最可能取得管制核可。其次是迪士尼股票的價值。他是要繼續持有福斯的控制股權，讓福斯在遠比先前激烈的競爭中掙扎呢，還是擁有一家合併後體質更強健公司的部分股份。第三件是他有信心我們可以順利整合兩家公司，並且讓合併後的公司活力充沛地上路。

在我們於二〇一七年秋天洽談期間，魯柏面臨的諸多挑戰之一是，要和他兩個兒子拉克倫（Lachlan）及詹姆斯（James）一起做決定。他們從小就看著父親創建公司，希望，也想當然地認為那有朝一日會是他們的。現在他要把公司賣給別人了。他們的心情不容易調適，而我的立場從一開始就是讓魯柏處理他的家庭動態和情況，僅專注於我們討論的商業面向。

那年秋天，我和凱文・邁爾與魯柏和他的財務長約翰・奈倫（John Nallen）數度會面。我們決定願以每股二十八美元、總金額五百二十四億美元的全股票收購福斯。在我們和魯柏第一次會談的幾個月後，他打算出售的風聲走漏，引來他人開始考慮收購。康卡斯特集團浮出檯面成為競爭對手，提出比我們高出不少的全股票報價。我們有信心，雖然康卡斯特的開價較高，福斯董事會仍會支持我們，部分是因為康卡斯特可能碰到管制上的難題（他們已經擁有NBC環球集團，以及美國最大的配銷公司之一，可能會面臨嚴格的管制審查）。

在感恩節週末的尾聲，凱文和我再次與魯柏和約翰於貝沙灣的酒莊碰面，一行四人漫步穿過一重又一重的葡萄藤。散步接近尾聲時，魯柏告訴我們，他不會接受一股二十九美元以下的價格，而這換算起來，會比我們願意花的代價高出五十億美元。我猜他以為我擔心康卡斯特的開價，會覺得有必要追高。其實，我有多想做成這筆交易，就有多想掉頭離開。我傾心於福斯的許多部分，也已經開始巨細靡遺地想像它們能為我們的新事業做些什麼，但在執行上也涉及巨大風險。要讓一切順利運作，將需要龐大的時間和心力。即使我們能履行交易、取得管制核可、成功合併兩家公司，市場上仍有許多未知令我擔心。我心底也在掙扎，要不要在這家公司再待三年。這對我對迪士尼是好的嗎？我無法百分百確定，但我沒有多少時間思考。這次會面結束時，我覺得我們該把這筆交易可能的價值說清楚，所以我在離開時告訴魯柏：「二十八塊是我們能出的最高價了。」

我不知道聽到我堅持立場，魯柏是否嚇了一跳，但凱文擔心我們若不追高，就會輸掉交易。但我有信心我們會勝出——對福斯來說，選擇康卡斯特的風險太大了。週一一早，我一進辦公室就請凱文致電約翰，告訴他我們需要在當天下班之前獲得答案。最後，魯柏親自打來，接受我們的出價，並邀請我回他的酒莊舉杯慶祝成交——拉克倫也在場，我很好奇魯柏是怎麼取得他的諒解。我們花了接下來兩星期處理細節，然後我在十二月十二日飛往倫敦觀賞《星際大戰八部曲：最後的絕地武士》（*Star Wars: The Last Jedi*）首映。趁此機會，我去魯柏的辦公室拍了一張我們在他的陽台握手的照片，那將在十四日跟著一篇宣布交易的通告公諸於世。

我十三號就飛回洛杉磯，於快傍晚時降落，便直奔隔早宣布收購的籌備會議。我預計要上東部標準時間上午七點的《早安美國》，也就是說，太平洋標準時間凌晨三點，我就得出現在迪士尼製片廠，準備上凌晨四點的直播。籌備會議開到一半，我們的人資主管潔恩・帕克（Jayne Parker）走進來問我，ESPN總裁約翰・史奇普（John Skipper）有沒有跟我聯絡。

「沒有。」我說：「怎麼了嗎？」

潔恩的表情告訴我那是個問題，所以我馬上追問這是需要立刻處理的急事，還是可以等到明天宣布收購後再處理。「事情不妙。」潔恩說：「但可以等。」

十二月十四日可列入我事業生涯最**精神分裂**的日子之一。回頭看我行事曆的註記，寫著：上午四點《早安美國》宣布收購；上午五點投資人電話會議；上午六點CNBC現場；上午六點二十分彭博社（Bloomberg）；上午七點投資人網路直播；從上午八點到中午先與參議員查克．舒默（Chuck Schumer）、密契．麥康諾（Mitch McConnell），後與南西．裴洛希（Nancy Pelosi）和其他幾位眾議員通話，商談即將展開的管制程序。最後，那天中午，潔恩走進我的辦公室，接續我們前一天未完的對話。她告訴我，約翰．史奇普承認有毒品問題，而那已在他的人生引發其他嚴重混亂，也可能危及公司。我排定隔天和約翰通話的時間便回家去，和一群母校伊薩卡學院的學生Skype（我很早就約了這個時間，哪知道會有那麼多事情擠在一起），討論娛樂和媒體產業的未來。

隔天早上，我跟約翰談了。他坦承有嚴重的個人問題，而我告訴他，基於潔恩所描述和他所證實的，我們需要他在下星期一辭職。我非常敬重約翰；他聰明而圓融，是個有才幹又忠誠的高階主管。但這是個再清楚不過的例子，凸顯公司的誠信是如何仰賴同仁的誠信，因此，雖然我個人非常喜歡他、在乎他，但他已做出違反迪士尼政策的選擇。讓他離開是痛苦的決定，卻是正確的決定——就算那意味著，正當我們步入公司歷來最費心傷神的階段，也是自我接任執行長以來最費心傷神的階段，現在我們最重要的兩大事業：ESPN和動畫，都群龍無首了。

❀

和魯柏．梅鐸的協議啟動了尋求管制核可的複雜程序。這包含填寫證券交易委員會的一大堆申請文件，攤開交易細節、兩家公司的財務，以及一目了然地敘述交易是如何發生的時間表及大事記（在我們的案件包括描述和魯柏的第一次會面及所有後續對話）。一旦證交會同意申請，兩家公司都要寄代理投票單給股東，列出申請案的一切細節和兩家公司董事會建議股東同意交易的說明。那也約定投票時程：於一場股東會議截止，然後在會議上計算所有票數。整個過程可能要耗上六個月，而在這段期間，其他公司仍可以競價。

儘管交易複雜，但我們認為我方取得管制核可的途徑非常清楚（這也是福斯董事會一開始同意我們的出價、捨棄康卡斯特的部分原因），而福斯的股東會預定在二〇一八年六月召開的會議上正式批准。只有一個可能的阻礙。就在這一切向前邁進的同時，紐約地方法院的一名法官正在思量司法部對AT&T（美國電話電報公司）提出、阻止它收購時代華納的訴訟。康卡斯特正密切注意這件事。如果法官判司法部勝訴，交易喊卡，康卡斯特會明白他們也將面臨類似的障礙，再出價買下福斯的希望就會破滅。但萬一AT&T勝訴，他們就可以放膽帶著更高的價碼回來，相信福斯的董事會和股東不會再顧慮管制障礙。

我們能做的只有繼續向前走，假設我們將購得福斯，並開始為此事成真做準備。在我們與魯柏達成協議後不久，我開始聚焦在我們究竟要怎麼合併這兩家大公司的問題。不是把已存在的東西加起來就好，我們必須小心翼翼地整合，才能永續經營，並創造價值。所以我問自己：新公司將會、可能或應該呈現何種樣貌？假如我可以擦掉歷史，在今天用這些資產打造全新的公司，該有什麼樣的組織架構呢？過完耶誕假期回來，我拖了塊白板進我辦公室旁邊的會議室，開始胡搞瞎搞。（這是我從二〇〇五年和賈伯斯共處一室以來，第一次站在白板前面！）

我做的第一件事情是把「內容」和「技術」分開。我們將有三大事業群：電影（華特迪士尼動畫、華特迪士尼影業集團、皮克斯動畫工作室、漫威影業、盧卡斯影業、二十世紀福斯影片公司、福斯2000電影公司、福斯探照燈影業）、電視（ABC、ABC新聞、我們的電視台、迪士尼頻道、Freeform電視台、FX頻道、國家地理頻道）和體育（ESPN）。這些統統歸到白板的左半邊，另外一邊則寫上技術：應用程式、使用者介面、顧客獲取與維繫、資料管理、銷售、配銷等等。我的構想很簡單，就是讓負責內容的同仁著眼於創造力，負責技術的同仁聚焦於配銷，以及在大多數情況下如何以最成功的方式創造營收。接下來，在白板中央，我寫下「實體娛樂和商品」——一把罩著各種大型及衍生事業的大傘：消費品、迪士尼商店、所有全球商品和授權協議、遊輪、度假村，和我們六個主題樂園事業。

我後退幾步，看著白板，心想：**就是這樣。一家現代媒體公司就該是這個樣子**。我光看就覺得精力旺盛起來，接下來幾天，我自己一再精修這個架構。那一週結束前，我邀請我的團隊來看——凱文・邁爾、潔恩・帕克、艾倫・布拉弗曼、克莉絲汀・麥卡錫和我的幕僚長南西・李（Nancy Lee）。「我有個不一樣的東西，要問問你們的意見。」我請他們看了白板。「這就是新公司未來的樣子。」

「是你剛做的嗎？」凱文問。

「是啊，你覺得怎麼樣？」

他點點頭。不錯，合情合理。眼下的工作是在正確的地方擺上正確的名字。可想而知，從我們宣布交易案的那一刻，兩家公司上上下下都會倍感焦慮：誰會負責什麼、誰要跟誰報告、誰的角色會膨脹或萎縮，又是怎麼膨脹或萎縮法。整個冬季和春季，我四處奔波和福斯高層開會——洛杉磯、紐約、倫敦、印度、拉丁美洲——期能了解他們和他們的業務、回答他們的問題和減輕他們的憂慮，並評估他們和迪士尼對應角色的異同。一旦股東表決通過

——假設AT&T的判決沒有讓康卡斯特改變主意——我必須在極短的時間做出許多困難的人事選擇，且需做好立刻著手組織再造的準備。

❁

五月底，法官宣判和之後福斯股東投票的日子漸漸逼近，我一早不到七點就進辦公室，點開一封ABC總裁班・薛伍德（Ben Sherwood）寄來的電子郵件。信中包含羅珊・巴爾（Roseanne Barr）當天稍早發布的推特短文，她說前歐巴馬行政顧問瓦萊麗・賈勒特（Valerie Jarrett）是「穆斯林兄弟會和人猿星球」的產物。班的訊息寫道：「這個問題很嚴重……這令人憎惡，完全不能接受。」

我馬上回信：「確實嚴重。我不確定那個節目撐不撐得下去。」

一年前，二〇一七年五月，我們宣布讓《我愛羅珊》影集重回ABC黃金時段。那個主意讓我興奮得不得了，部分因為我在八〇年代末到九〇年代初掌管ABC娛樂集團時曾與羅珊共事，非常喜歡她，也因為那個節目的概念——反映當時爭議性話題的各種政治反應——正合我意。

在我們考慮復播《我愛羅珊》之前，我沒有注意到羅珊以往就曾在推特發表爭議性言論，但節目一播出，她又開始上推特，就各種話題發表一些有欠考慮、偶爾令人反感的東西。要是她繼續這樣下去，一定會造成問題。四月，也就是那篇賈勒特推特的幾個星期前，我跟她共進午餐。那愉快得不得了。羅珊帶著她為我烤的餅乾現身，聊天時，她憶起很久以前我是少數在一旁幫她加油打氣的人，還說她永遠信任我。

午餐接近尾聲時，我對她說：「你得遠離推特。」她的節目佳評如潮，而我個人也很開心看到她東山再起。「你在這裡幹得好極了，」我說：「別搞砸了。」

「好的，鮑伯。」她用她一貫滑稽、拖長、帶鼻音的聲音說。她答應我不會再上推特，而我安心地離開，相信她了解她目前的成功彌足珍貴，也可能輕易化為泡影。

但我忘記，或說心裡輕忽的是，羅珊向來有多不可預測、反覆無常。我們在我任職ABC娛樂總裁初期相當親近。我承接了那個節目，我就任時它還在第一季；我認為她才華洋溢，但也密切留意她可能有多捉摸不定。她有時憂鬱到下不了床，我和泰德・哈伯特有時會去她家裡找她說話，說到她肯出門為止。也許是家父也有憂鬱症的緣故，使我對她抱持同情，但我就是覺得需要好好照顧她，而她對此心懷感激。

讀了班的信，我和澤妮亞・穆哈、艾倫・布拉弗曼、班・薛伍德及當時的ABC娛樂集團總裁尚寧・鄧吉（Channing Dungey）聯絡，問他們覺得我們有哪些選項。他們想了很多腹案，從暫停播出不給薪到嚴重警告和公開譴責不等。這些似乎都不夠，而雖然他們都沒有提到開除，我知道這個詞已在他們內心深處。「我們別無選擇，」最後我說。「我們得做對的事。不是政治正確，也不是商業正確的事。而是對的事。假如我們有哪個員工在推特上發表她發表的東西，一定會馬上捲鋪蓋走路。」我請他們儘管反駁或說我瘋了無妨，但沒人開口。

澤妮亞擬了最後由尚寧發布的聲明。我致電賈勒特向她致歉，告訴她我們剛剛決定停播節目，並且將在十五分鐘後發表聲明。她謝過我，隨後又回電表示她當天晚上預定上MSNBC參與有關種族歧視的討論，包括當天星巴克關店進行敏感性訓練（sensitivity training）的新聞。「我可以提到你打電話給我的事嗎？」她問。我告訴她可以。

然後我寄了封電郵給迪士尼董事會：「今天早上我們都看到羅珊．巴爾的推特了，她在上面戲稱瓦萊麗．賈勒特是穆斯林兄弟會和人猿星球的產物。我們覺得這句話，無論其語境為何，都是無法容忍、極其惡劣的，而我們決定停止羅珊的節目。我無意高高在上，但既為一家公司，我們一直試著做我們覺得正確的事，不管政治或商業情況為何。換句話說，要求我們所有同仁和所有產品的品質及誠信，是最重要的，對於以任何方式損害公司名譽的公然踰越之舉，我們沒有給第二次機會的空間，沒有容忍的空間。羅珊的推特違反了那個原則，而我們唯一的選擇是做道德正確的事。聲明將立刻發布。」

這決定真的不難。真的。我完全沒問那會對財務造成何種影響，也不在乎。在那樣的關頭，不論商業上會有多大損失，你都得無視，並且再次遵從這個簡單的規則：沒有比你的同仁和你的產品的品質及誠信更重要的東西了。一切都要以維護那個原則為依歸。

那一整天，以及那一週剩下的幾天，我獲得相當多讚美和一些非難。讚美來自各界，令我深感振奮：製片廠主事者、政治人物和一些體壇人士，包括新英格蘭愛國者隊的老闆羅伯特・卡福特（Robert Kraft）在內。賈勒特立刻寫信給我說她由衷感謝我們的回應。歐巴馬總統也表示感激。我在推特上被川普總統抨擊，他問，我給他的道歉在哪裡，還針對我們在ABC報導這則新聞時對他所做的「可怕」聲明發表高見。凱莉安・康威找上ABC新聞的主管詹姆斯・高德斯頓（James Goldston），問我有沒有看到川普的推特，有沒有什麼回應。我的回答是：「有。但是沒有。」

大約和羅珊事件及我們追求併購二十一世紀福斯的緩慢進程同一時間，約翰・拉薩特六個月的「休假」告一段落。經數次懇談，他和我做出結論：徹底離開迪士尼是明智之舉，而關於這個決定，我們同意列為高度機密。

這是我管理過最困難也最複雜的人事決策。約翰離開後，我們分別聘請彼特・達克特和曾編導《冰雪奇緣》（*Frozen*）的珍妮佛·李（Jennifer Lee）擔任皮克斯和華特迪士尼動畫的創意長（chief creative officer）。兩位都很優秀、受歡迎、善於鼓舞人心，而他們的領導，為公司這段昏暗的時期帶來一線光明。

第14章
核心價值

二〇一八年六月十二日，曼哈頓下城區地方法院一名法官判決AT&T收購時代華納勝訴。隔天，布萊恩．羅伯茨宣布康卡斯特的新報價：每股三十五美元（總值六百四十億美元），全現金交易。相對於我們的每股二十八美元，不僅數字大幅拉高，全現金更是對許多想拘現金而非股票的股東極具吸引力。忽然間，我們面臨輸掉交易的危險——過去六個月我們一直夢想、也非常努力達成的交易。

福斯董事會已排定會議時間：一週後於倫敦舉行，將在會上投票表決康卡斯特的報價。我們仍可以出價，而我們必須趕快決定我們的數字。我們可以加到略低於他們的價格，希望董事會依舊相信就算AT&T勝訴，我們仍較容易獲得管制核可。我們可以比照康卡斯特的報價，希望董事會不會為了等值的報價毀掉我們的交易，就算許多投資人喜歡現金勝過股票。或者我們可以出得更高，希望康卡斯特沒剩多少追高的空間。

許多高階主管和銀行家參與討論。他們全都建議我開低，或最高比照康卡斯特的出價，賭管制問題仍對我們有利。我決定要開個能「一拳擊倒」（knockout）的價格，而董事會同意讓我加碼。在此同時，艾倫．布拉弗曼一直持續和法務部討論，試著清出一條管制核可的路——如果我們贏得競標戰的話。

就在福斯董事會預定表決康卡斯特出價的兩天前，我和艾倫．布拉弗曼、凱文．邁爾、克莉絲汀．麥卡錫和南西．李飛往倫敦。我要確保只有少數團隊成員知道我們的開價，並告誡眾人保密至關重要。我們不希望康卡斯特打聽到我們提高出價的計畫。我們用不同名字訂了倫敦某家飯店的房間，但沒有住進去。我不知此事真假，但有些人告訴我，康卡斯特有時會追蹤競爭對手私人噴射機的一舉一動，所以我們沒有直飛倫敦，而是先到貝爾法斯特，再包機飛短程過去。

就在我們登上往倫敦的飛機前，我打給魯柏．梅鐸，說：「我明天想跟你見個面。」隔天午後，我和凱文進了魯柏的辦公室，和魯柏及財務長奈倫開會。我們四個人圍著他光滑的大理石桌而坐，窗外便是去年十二月我跟他拍照的陽台。我開門見山。「我們想要開三十八美元。」我說：「一半現金，一半股票。」我告訴他，這是我們的極限了。

為什麼是三十八美元？我料想康卡斯特有可能競價，而如果我們開三十五，他們會加到三十六，如果我們開三十六，他們會開三十七，每個階段都可以說服自己這只是增加一點點，而最後我們得加到每股四十美元。反之如果我們從三十八開始，他們就得慎重思考，一次每股起碼得拉高三美元的事了。（因為他們要提供全現金，那意味著他們得借更多錢，進而使其債務大增。）

康卡斯特以為福斯董事會要在隔天早上表決他們的出價，但沒有——魯柏帶了我們的新價碼去，而董事會同意了。會議結束後，他們通知康卡斯特他們接受了我們的新價碼，我們也立刻聯合發布聲明。我們需要向投資人解釋這個新的舉措，但我們沒有在倫敦設會議室，因為我們根本不希望任何人知道我們在那裡。所以我們帶了一支免持聽筒的電話進我飯店的房間，在那裡開投資人電話會議。那是個超自然的場景，我們一小群人聚在一個飯店房間，克莉絲汀和我跟投資人講話，背景的電視上，CNBC正在報導我們剛製造的新聞。

我們一提出最終報價，我便敦促布拉弗曼去看看他能否和司法部就我們的收購案取得共識。他知道我們在電視體育方面的市場集中度，而拿下福斯的區域體育網會是個大問題。我們決定，較明智的做法是同意放棄那些頻道，以便和司法部迅速達成協議，而事情就是這樣發生。這將帶給我遠勝於康卡斯特的巨大優勢：除了要擊敗我們三十八美元的出價，他們可能仍有複雜而冗長的美國管制程序要走。不出兩星期，我們就得到司法部的保證：如果我們同意出售那些運動網，他們就不會提出訴訟來阻擋我們的交易。事實證明他們的保證至關重大。

在福斯董事會表決通過後，新的委託書，以及董事會一致推薦贊同交易的信件，便寄送給他們的股東。股東投票將在七月底進行，這仍給康卡斯特充裕的時間帶著更高的價碼捲土重來。那幾個禮拜令人坐立難安。每當我打開電腦或看電郵或轉到CNBC，都以為會看到康卡斯特出更高的價錢。七月底，我和凱文赴義大利開三天會，然後從那裡回到倫敦。

在倫敦坐車的時候，我接到CNBC《街頭呱呱叫》（*Squawk on the Street*）節目主持人大衛．費伯（David Faber）的來電。我接聽了，大衛說：「你對這個聲明有話要說嗎？」

「什麼聲明？」

「康卡斯特的聲明。」

焦慮立刻刺穿心窩。「我不知道他們說了什麼，」我說。

大衛告訴我消息剛爆出來：「布萊恩．羅伯茨宣布他們退出了。」

我滿心以為他會說他們開了更高的價碼，所以我當下的反應是「哇靠！」（Holy crap!）我頓了一下，然後對他口述較正式的聲明。「你可以跟你的觀眾說是你告訴我的。」我這麼說，他也這麼做了——而且還告訴他們我說了「哇靠」。

❀

要真正完成這筆交易，我們還需要應付全球管制程序，在美國境外獲得多數我們目前業務進行地區之許可，其中包括俄羅斯、中國、烏克蘭、歐盟、印度、南韓、巴西、墨西哥等國。我們一次取得一區的許可，歷時數月，終於在二〇一九年三月，我和魯柏第一次對談的十九個月後，正式完成交易，開始以一家公司的姿態向前邁進。

那發生得正是時候。次月，四月十一日，我們在迪士尼製片廠辦了一場精心策畫、產能奇高、苦心排練的活動，向投資人呈現我們「直接服務消費者」的新營運模式的細節。假如我們沒有及時完成福斯的交易，活動的面貌將截然不同。結果，數百名投資人和媒體人士把我們一座錄音攝影棚（soundstage）的看台擠得水泄不通，面向一座巨大的舞台和背幕。

我們曾向華爾街保證，一準備好就會分享我們新串流服務的資訊。那引發一場內部辯論：那些資訊該有多詳細呢。我什麼都想給他們看。以往，對於我們所面臨的挑戰，我們向來直言不諱——二〇一五年那場決定命運的營收電話會議，我說了我們正面臨的混亂——現在，對於我們已經做了哪些事情來應付這場混亂、擁抱它，乃至化被動為主動，我也想一樣坦白。我想要向他們展現我們創造的內容，以及為了實現那些內容而研發的技術。用實例說明福斯有多適合這項新策略、讓我們如虎添翼，也很重要。對於這要花多少錢，會對我們的淨利造成何種短期損害、預計有何長期效益，我們也該開誠布公。

我站上舞台，只講了大概一分半鐘，而在那之前，我們播放了一段製作精美的影片，介紹這兩家新近合併公司——迪士尼和二十一世紀福斯——的歷史。我們想藉這種方式表明：**我們正往新的方向前進，但創造力是我們一切行動的核心**。長久以來，這兩家公司創造了不同凡響、難以磨滅的娛樂事業，而現在，合併之後，我們可以更大刀闊斧地做這件事了。

這場會議與二〇〇四年我與迪士尼董事會的第一次面談遙相呼應。只談未來，而我們的未來取決於三件事：製作高品質的品牌內容、技術投資和全球成長。當時我不可能預期我們所做的一切都會出自那個模板，也不可能料到會有這麼一天——當我們展示公司未來的計畫時，會如此強調這三大支柱。

緊接著，我們眾多事業體的主管一一上台，介紹我們全新串流服務將提供的原創精緻內容。迪士尼、皮克斯、漫威、星際大戰、國家地理。我們將推出三個全新的原創漫威節目，以及盧卡斯影業出品的兩個全新系列，包括《星際大戰》真人版（live-action）影集系列的第一部：《曼達洛人》（*The Mandalorian*）。還會有一個皮克斯系列、新的迪士尼電視節目，以及原創的真人版電影，包括《小姐與流氓》（*Lady and the Tramp*）。總計，光是這項服務上線的第一年，就預定推出超過二十五個新系列和十部原創電影或特輯，而它們製作時的企圖心和品質講究，皆比照我們以往製作的任何電影或電視節目。另外，幾乎整座迪士尼圖書館，從一九三七年《白雪公主》以來的每一部動畫片，也囊括在我們的串流服務中，包括

《驚奇隊長》和《復仇者聯盟：終局之戰》等數部漫威之作。福斯的加入也代表我們將會全數供應六百多集的《辛普森家庭》（*The Simpsons*）。

簡報後半場，我們亞太區營運的新總裁烏德．尚卡（Uday Shankar）上台報告印度最大串流服務「Hotstar」。我們已經決定轉向「直接服務消費者」的策略，而現在，拜收購福斯所賜，我們在世界最朝氣蓬勃、欣欣向榮的市場之一，擁有規模最大的「直接服務消費者」事業了。這便是全球成長。

當凱文．邁爾上台示範應用程式如何運作時——智慧型電視、平板和手機——我不由得想起二〇〇五年賈伯斯站在我的辦公室裡，拿出新款影音iPod原型的情景。那時我們欣然擁抱變革——令其他同業懊惱不已——而現在我們要再擁抱一次。我們正在解決將近十五年前問自己的一些問題：在已然改變的市場，高品質的品牌商品能否變得更有價值？我們要如何以更切合需求、更富創意的方式將產品提供給消費者？有哪些新的消費習慣正在成形，我們該如何調適？我們該如何把技術當作促進成長的有力新工具來應用，而非淪為混亂與破壞的犧牲品？

打造應用程式和創作內容的成本，加上削減本身傳統業務招致的損失，代表未來幾年我們每年的利潤會減少數十億美元。要等上好一段時間，才能以獲利來衡量成功。一開始，那要以訂閱數來衡量。我們希望串流服務能觸及世界各地的廣大民眾，而我們訂定了預估前五年能帶來六千萬至九千萬人訂閱的價格。當凱文宣布我們的訂閱價是每月六．九九美元時，我聽得到現場有人倒抽一口氣。

華爾街的反應遠遠超乎預期。二〇一五年，在我談到技術破壞時，迪士尼股價直線下墜。現在則持續上揚。投資人會議隔天應聲大漲一一%，創下歷史新高。到該月底，漲了近三十個百分點。那段時間，二〇一九年春天，是我執行長任內的美好時光。我們推出《復仇者聯盟：終局之戰》，那最終成為史上最賣座的鉅片。緊接著，我們全新的星際大戰主題園區：「銀河邊緣」（Galaxy's Edge）在迪士尼樂園開幕；再來是買下Hulu網站康卡斯特剩餘股份的協議，我們將在這個串流訂閱平台放上Disney+看不到的內容，此舉再次獲得投資人肯定。如果過去曾教了我什麼，那就是一家規模這麼龐然、在世界留下這麼大的腳印、員工這麼多的公司，總會有料想不到的事情發生；壞消息亦無可避免。但就現在而言，感覺很好，真好，好像十五年的辛勞終於獲得回報。

❀

在我們開始和福斯談判之前，二〇一九年六月原本是我從華特迪士尼退休的時間。（我先前做過一些退休計畫，都沒有照我想的實現，但現在，在我從ABC起步的四十五年後，我決心離開。）結果我不但沒退休，還加倍努力工作，覺得肩負接任執行長十四年來最重大的責任。這不是說我之前沒有全心投入工作，或從中得到滿足，只是這不是我所想像我六十八歲時的人生樣子。但儘管工作如此精實，仍免不了讓某種感傷爬上心頭。我們正如此狂熱地計畫和戮力實現的未來，沒有我也會發生。我的新退休時間是二〇二一年十二月，但我的眼角餘光已經看得到它了。它會在意想不到的時刻浮現。它尚不至於讓我分心，卻足以提醒我，這趟旅程即將來到終點。幾年前有件趣事：摯友送給我一個車牌框，我立刻裝到我的車上，那上面寫：「離開迪士尼後還有活力嗎？」（Is there life after Disney?）答案當然是肯定的，只不過現在這個問題感覺起來比以往更真切了。

所幸，近年來我越來越深信不疑的一件事，能帶給我安慰——一個人擁有太大權力太久未必是好事。就算某位執行長成效卓著，公司高層也不該一成不變。我不知道其他執行長是否認同這句話，但我發現，你可能在一項職務累積過大的權力，而越來越難約束你的行使方式。一些小事會開始改變。你的自信可能輕易變質成自負而淪為負債。你可能開始覺得自己聽過每一種構想，因此變得不耐煩、不屑別人的意見。你不是故意如此。那就是在所難免。你必須刻意讓自己傾聽、留心眾多的意見。我已經向我合作最密切的高階主管提出這個議題，作為某種預防措施。「如果你們發現我太不屑或沒耐心，你們得告訴我。」他們已經偶爾非這樣不可——但願不算太頻繁。

在像這樣的一本書中，很容易寫得好像迪士尼在我任內經歷的成功，是我從一開始就懷抱的願景——例如我知道唯有著眼於三大核心策略才能引領我們走到這裡——獲得完美執行的結果。但你只能靠著回顧來拼湊那段故事。的確，要領導這家公司，我必須為未來擬定計畫。我相信品質至上。我相信我們需要擁抱技術和破壞，而非懼怕。我相信拓展打入新市場極其重要。但我完全不知，當時真的不知，這趟旅程會帶我到哪裡去。

缺乏經驗，就不可能決定領導原則，所幸我有好幾位優秀的心靈導師。麥可當然是，麥可之前的湯姆和丹恩，以及他們之前的魯恩也是。上述每一位都是獨具風格的大師，而我盡可能吸收他們身上的一切。除此之外，我相信我的直覺，也鼓勵我身邊的人相信他們的直覺。要等到很久以後，那些直覺才開始自行塑造成我可以明確表達的特質。

我最近重讀了我在就任執行長第一天寄給迪士尼全體員工的電郵。我談到今後策略的三大支柱，但也分享了一些我小時候看《迪士尼的奇妙世界》（*The Wonderful World of Disney*）和《米老鼠俱樂部》（*The Mickey Mouse Club*）、想像有朝一日能造訪迪士尼樂園的回憶。我也回想我剛進ABC的那段日子：一九七四年夏天，我從那裡起步的感覺有多緊張。「我做夢也沒想到我竟然有一天會領導這家造就我那麼多美好童年回憶的公司，」我這麼寫：「沒想到我的事業旅程最終會帶我來到這裡。」

有一點至今我仍難以置信。真的不可思議，這段人生故事說來竟完全合理。一天連著一天，職務連著職務，人生選擇連著人生選擇。故事的脈絡連貫而無間斷。但這一路上有太多時刻，事情原本可能往不同的方向走，要是沒有幸運之神眷顧，或沒遇到對的恩師，或是直覺說你該**這樣**而非**那樣**做，我說的就不會是今天這個故事了。成功有幾分要靠機遇這點，我再強調也不為過，而我這一路走來，真的福星高照。此刻回首，一切就如幻夢一場。

那個在布魯克林的客廳裡看安妮特．芬內塞羅（Annette Funicello）及米老鼠俱樂部、和祖父母去看他第一部電影《灰姑娘》（*Cinderella*），或幾年後躺在床上腦海反覆重現《大衛克羅傳》（*Davy Crockett*）場景的孩子，怎麼可能在若干年後搖身變成華特．迪士尼遺愛的管家呢？

很多人可能都是這樣：不論我們變成什麼，或完成什麼，我們依然覺得，本質上我們還是很久以前某個單純時刻的那個孩子。我想這某種程度也是領導的訣竅：就算世界告訴你你多有權力、有多重要，你仍要抓住那份自覺。當你開始相信一切理所當然，當你在鏡子裡看到額頭赫然印著頭銜的那一刻，你已經走岔了。這或許是最困難、卻也是最須謹記在心的課題：這一條路，不管走到哪裡，你還是原來的你。

附錄

領導的課題

隨著這本探討領導力的書籍來到尾聲，我突然想到，把這個主題的各種有變化之處收集在一起，或許會有幫助。有些是具體而帶規範性質的；有些則帶點哲學意味。當我從頭到尾把這些零碎的智慧讀過一遍，它們就像一張描繪過去四十五年的地圖：**我每天都由這個人指導，而這些正是我學到的一切**。**這些是我過去不明白，但現在了解的事情，只能靠經驗累積的事情**。我希望這些想法，以及我在這本書從頭說到尾、試著賦予其脈絡與分量的故事，也能切合並反映到你的經驗上。這些是形塑我職業生涯的課題，希望也對你的職業生涯有幫助。

- 你需要絕佳的天分，才能說精彩的故事。
- 現在尤其如此：不創新，就等死。如果你害怕新的事物，就不可能有創新。

- 我常說「不懈地追求完美」。這在實務上可能代表很多事物，且難以定義。這是一種心態，而非一套特定的規則。重點不是不惜代價追求完美，而是營造一個讓眾人拒絕平庸的環境。是抗拒說「夠好」就夠好的衝動。
- 萬一搞砸事情，請勇於負責。無論在職場或生活，坦承錯誤，會讓你得到身邊眾人的敬重和信任。我們不可能避免犯錯，但可能承認錯誤、從中記取教訓、樹立偶爾出錯沒有關係的典範。
- 待人和氣。公正、有同理心地對待眾人。這不代表你該降低期望或傳達犯錯無所謂的訊息。那意味著你要營造一個大家都知道你會聽他們說話的環境，知道你情緒穩定、處事公正、無心之過會給第二次機會。
- 卓越與公正未必相斥。要力求完美，但也要隨時留意「只在乎產品、不在乎人」的陷阱。
- 真正的誠信——知道你是誰、由你本身明確的是非觀念引導——是領導的秘密武器。如果你信任你的直覺，也尊重他人，公司將會表現出你身體力行的價值觀。
- 重視能力勝於經驗，讓人們扮演比他們自認擁有的能耐更吃重的角色。
- 問你需要問的問題，承認自己不了解的事，無需道歉；設法盡快學會你需要學會的事情。

- 管理創造力是門藝術，而非科學。在提供意見時，要注意對方已為這個案子投入多少心血，又冒了多大風險。
- 切莫消極地展開行動，別從小處著手。人常藉由著眼於細枝末節來掩蓋自己欠缺明確、連貫、宏觀的想法。從瑣碎的事情開始，你就會顯得氣量狹小。
- 我在管理ABC黃金時段的第一年學到許多課題，其中最深刻的莫過於接受創造力不是一門科學。我開始坦然接受失敗——不接受努力不夠，而是接受如果你想要創新，就必須允許失敗的事實。
- 別做只求穩健、打安全牌的事。要做有可能創造卓越的事。
- 別讓野心凌駕機會。一直盯著未來的工作或案子，你會對現況感到不耐。你不會花足夠心力關注你**確實該**負的責任，因此野心可能招致反效果。找到平衡很重要——好好做你手邊的工作；要有耐心；尋找投入、擴張和成長的機會；展現態度、活力和專注力，讓你的主管在機會出現時一定會找上你。
- 我的前主管丹恩·博科曾遞給我一張條子，上面寫：「千萬不要涉足製造伸縮喇叭管潤滑油製造業。你也許會成為世界最大的伸縮喇叭管潤滑油製造商，但到頭來，那一種油，全世界每年只會消耗幾夸脫而已！」他在告訴我不要投入會耗盡我和公司的資源、卻沒有太大回饋的小案子。那張便條紙仍收在我的辦公桌裡，每次和高階主管聊到該追求什麼、要把精力用於何處時，我都會拿出來講。

- 當公司高層關係失衡時，其他人是不可能正常運作的。那就像一對永遠在吵架的雙親。孩子知道，而他們會將那股恨意反射回雙親和彼此身上。
- 身為領導人，如果你沒做領導人該做的事，身邊的人會知道，而你很快就會失去他們的敬重。你必須傾聽，開會時通常得從頭坐到尾，就算那是如果你可以選擇，會選擇不要坐到結束的會議。你得聆聽其他人的問題，協助尋找解決方案。那是你分內之事。
- 我們都想要相信自己是不可或缺的。你得時時提醒自己不要執著於這項工作非**你**不可的觀念。本質上，好的領導不是扮演不可或缺的角色，而是協助他人做好接替你的準備——讓他們參與你的決策、鑑定出他們需要培養的技能並協助他們精進，有時還要誠實告訴他們，為什麼他們尚不符合晉升的條件。
- 一家公司的聲譽是員工行為和產品品質的總和。你必須時時要求同仁和產品的誠信。
- 麥可．艾斯納曾說：「微觀管理被低估了。」一定程度上，我同意他的說法。為細節揮汗可以表現你有多在意。畢竟，「優良」常是許多小事的集合。微觀管理的缺點是它可能單調乏味，也可能加深這種印象——你不信任為你工作的人。
- 往往，我們是由**恐懼**而非勇氣引導，固執地試圖建立堡壘，來保護根本不可能熬過當今這場巨變的舊模式。我們很難為了迎接即將到來的變革而檢視既有的模式——有時甚至是眼下還在獲利的模式——繼而做出顛覆既有模式的決定。

- 如果你在走廊來來去去，不斷告訴大家「天要塌下來了」，黯淡無望的感覺遲早會瀰漫整間公司。你不能對身邊的人傳達悲觀情緒。那會嚴重打擊士氣。沒有人想追隨悲觀主義者。
- 悲觀會導致被害妄想，被害妄想會導致自我防禦，自我防禦會導致規避風險。
- 樂觀源於你對自己和為你工作的人的信心。樂觀不是指在大事不妙時說一切順利，不是傳達「事情一定會迎刃而解」的盲目信心，而是相信自己和他人的能力。
- 人們有時避免劇烈變動，是因為他們早在上場之前就設想好要反對嘗試了。「長距離射擊」的距離通常沒有乍看之下那麼遠。只要深思熟慮、積極投入，最大膽的構想也可能實現。
- 你必須反覆、清楚傳達你的優先順序。如果沒有確切說明輕重緩急，你身邊的人就不會知道自己該先做什麼而白白浪費時間、心力和資金。
- 只要把「臆測」從身邊眾人的日常拿走，就可以大大提振他們（以及他們身邊的人）的士氣。許多工作都很複雜，需要極高的專注力和極大的心力，但這一類的訊息相當簡單：**這就是我們想要的成果。這就是我們取得成果的方式。**

- 技術進步最終會讓老舊的企業模式顯得過時。你可以怨聲載道、竭盡所能保護現狀，也可以拿出比競爭對手更多的熱情和創意努力理解它、接受它。
- 該放眼未來，而非緬懷過去。
- 人人都稱讚你時，樂觀不難；當你的自我認同岌岌可危，要樂觀就難了，但這時更有必要保持樂觀。
- 談判協商時，尊重他人的價值被低估了。多一點尊重就很受用，少了尊重，代價可能非常高。
- 你得做功課。得做好準備。比如說，沒有建立必要的模式來幫助你判定某項交易適不適合，你就不可能完成重大的收購。但你也必須承認，永遠沒有百分百確定這回事。不論你掌握多少資訊，最終仍有風險，而要不要承擔風險，取決於個人的直覺。
- 如果**你感覺**某件事不對勁，那它**對你**而言就不是對的事。
- 很多公司收購其他公司時，其實不大清楚自己真正買了什麼。他們認為自己買到實體資產、製造方面的資產或是智慧財產（某些產業尤其如此）。但他們真正買到的通常是**人**。在創意產業，人正是價值所在。
- 身為領導人，你就是公司的化身。意思是：你的價值觀——你的誠信、正派、誠實的觀念，你在世界上的一舉一動——就代表公司的價值觀。你可能是一個七人組織的老大，也可能是有二十多萬員工的主事者，道理都一樣：人們怎麼看待**你**，就會怎麼看待你的公司。

- 這些年來有很多時候，我得把難以啟齒的消息告知一些有才之士，其中有些是朋友，有些未能在我為他們安排的位置上成長茁壯。我會試著盡可能直搗問題核心，解釋哪些事情沒有起作用、我為什麼認為未來也不會奏效。這種情況常會運用某種委婉的公司語言，而那種語言總讓我感覺冒犯失禮。如果你真的尊重那個人，就該為他清楚說明你做那個決定的原因。這樣的談話不可能不痛苦，但起碼是誠實的。
- 聘用人的時候，試著讓你身邊圍繞著除了具備本職學能，本性也**良善**的人。真正的正派——公正、寬大、互敬互諒——在商業中不該那麼稀有，而你該在你聘用的人身上尋找這種特質，也要在為你工作的人身上培養這種特質。
- 不管進行任何談判，從一開始就要表明你的立場。沒有任何短期獲利值得讓信任被長期侵蝕，因此切莫違背你先前建立的期望。
- 把你的焦慮投射到團隊上會招致反效果。那很微妙，但傳達你能感同身受他們的壓力——**與**他們有難同當——和傳達你需要他們來減輕你的壓力，是兩碼子事。
- 多數交易是人與人之間的。如果你洽談的是對方創作的心血，就更是如此。你必須知道你想從任何交易中得到什麼，但要達成交易，你也必須明白對方冒了什麼樣的風險。

- 如果你從事製造業，請製造高品質的產品。
- 決定破壞現有商業模式需要相當大的勇氣。那代表要刻意承擔一些短期損失，希望藉此消弭長期的風險。慣例和優先事項會被破壞。換成新的模式後，傳統的經營方式會慢慢被邊緣化和侵蝕——而開始賠錢。就公司的文化和心態而言，這是相當棘手的問題。一旦這麼做，你就是在跟那些整個生涯都是靠傳統事業的成績獲得報酬的同仁說：「別再那麼擔心那個了。改擔心這個吧。」但**這個**尚不能獲利，而且短時間內不可能。請回歸基本原則來解決這種不確定：清楚闡述你的策略優先順序。保持樂觀地面對未知。對於那些事業生涯將因此陷入混亂的同事，要親切而公正。
- 擁有太大權力太久未必是好事。你不會明白你的聲音會怎麼轟隆隆地壓過房裡其他人。你已經習慣他人先隱瞞自己的想法，總是要先聽你發表意見。大家不敢提供構想給你，不敢抱持異議，害怕跟你互動。就連立意最良善的領導人也可能發生這種事。你必須有自覺、積極主動地避免這種腐蝕性的效應。
- 你必須以真正謙遜的態度來處理工作和生活。我的成功部分來自我自己的努力，但也受惠於許許多多本身以外的因素：好多人的努力、支持和典範，以及超出我所能掌控的命運轉折。

● 保持自覺，就算世界告訴你你有多重要、多有權力，也不可失去。當你開始相信一切理所當然，當你在鏡子裡看到額頭赫然印著頭銜的那一刻，你已經走岔了。

致謝

有句俗話說：成功多父親，失敗是孤兒。在我的例子，成功有許多父親**和**母親。這十五年來我們在迪士尼完成的一切，都是無數人攜手努力的成果：我們的高階團隊、數萬名迪士尼員工（我們叫他們「班底」〔cast members〕）、另外數千名創意高手——導演、作家、演員和其他眾多才子才女，他們投入大量時間心力來訴說我在本書裡經常提到的故事。

我可以連寫好幾頁我該感謝的名字，但還是將名單限縮在底下這些人士：沒有他們的努力，我和迪士尼將離成功甚遠：

史蒂芬妮·沃茨（Stephanie Voltz），謝謝你陪我從頭到尾走完這段旅程，謝謝你除了讓火車班班準點外，還做了那麼、那麼多事，謝謝你這麼多年無休止的微笑和無條件的支持。

艾倫·布拉弗曼和澤妮亞·穆哈也是從一開

始就與我同行，對我和公司都是無價之寶。

凱文．邁爾是策略大師和生意高手。對一個執行長而言，沒有比他更優秀的策略夥伴了。

潔恩．帕克已經掌管我們的人力資源部門十年了。沒有巨星飾演人資角色，你無法運作一家公司，而潔恩一直是巨星，也不只是巨星。

我也得利於有三位優秀財務長的優勢：湯姆．史塔格斯、傑伊．拉蘇洛（Jay Rasulo）和克莉絲汀．麥卡錫。有他們的智慧、洞察力，以及策略和財務上的敏銳度，我們才可能完成那麼多事情。

鮑勃．查佩克在管理我們的消費品和主題樂園事業上貢獻卓著，上海迪士尼能順利開幕，他更是厥功甚偉。

喬治．博登海默（George Bodenheimer）和吉米．皮塔羅（Jimmy Pitaro）把ESPN帶得有聲有色。

阿倫．霍恩是我雇用過最棒的人才。有他領導我們的製片廠，我們才能在商業及藝術上發光發熱。

約翰．拉薩特、艾德．卡特莫爾及其優秀的導演和動畫師團隊讓皮克斯生氣勃勃、饒富創意，也讓華特迪士尼動畫恢復生機。

鮑伯．魏斯（Bob Weis）和其他一千多名工程師設計、建造了上海迪士尼。這是一場結合願景、熱情、創造力、耐心、極其辛勤的工作和犧牲奉獻的勝利。

在我擔任這項職務近十五年中，我擁有好幾位出色的「材料長」（chief of stuff）（我原本這樣稱呼他們，直到我正式把名稱改成「幕僚長」〔chief of staff〕為止）：萊斯利・史騰（Leslie Stern）、凱特・麥克林（Kate McLean）、艾格妮絲・朱（Agnes Chu）和南西・李對我皆彌足珍貴。海瑟・吉利亞科（Heather Kiriakou），也謝謝你這些年來的幫助。

我也非常感激華特迪士尼公司董事會的多位董事，特別是喬治・米切爾、約翰・派波（John Pepper）、歐林・史密斯（Orin Smith）和蘇珊・阿諾（Susan Arnold）。謝謝你們支持我們的憧憬，以及給我們的所有建言和鼓勵。成功的公司有一個共通點——管理階層和董事會有堅強的合作關係，而我們的關係正是華特迪士尼公司成功的關鍵。

在這家公司待了四十五年，我遇過許多主管。有些已經在書裡提過，但我想感謝他們每一位給我的指導與信任：

哈維・卡爾芬（Harvey Kalfin）
迪特・強克（Deet Jonker）
派特・薛洛（Pat Shearer）
鮑伯・阿普特爾（Bob Apter）

厄文・韋納（Irwin Weiner）
查理・拉沃利（Charlie Lavery）
約翰・馬丁（John Martin）
吉姆・斯彭斯（Jim Spence）
魯恩・阿利奇
約翰・西亞斯（John Sias）
丹恩・博科
湯姆・墨菲
麥可・艾斯納

最後要感謝我的書籍團隊：

喬爾・羅威爾（Joel Lovell），由衷感謝你的協助和友誼。和你分享這些課題、回憶和經驗，感覺真好。

埃絲特・紐伯格（Esther Newberg），感謝你的指導和說服我寫這本書。你說這難不倒我，你大錯特錯！

安迪・沃德（Andy Ward），我佩服且感激你的領導、忠告和鼓勵。

關於作者

羅伯特・艾格（Robert Iger）是華特迪士尼公司（Walt Disney Company）現任執行董事長及執行長。他於二〇〇〇至二〇〇五年兼任總裁及營運長，並於二〇〇五年十月起兼任總裁及執行長。艾格於一九七四年開始在ＡＢＣ（美國廣播公司）的職涯，擔任ＡＢＣ集團董事長期間負責監督廣播電視網及頻道群、管理有線電視資產，並主導首都城市傳播公司（Capital Cities）／ＡＢＣ和華特迪士尼公司的合併案。艾格於一九九六年正式加入迪士尼高階管理團隊，擔任迪士尼旗下ＡＢＣ集團的董事長，一九九九年另被賦予華特迪士尼國際（Walt Disney International）總裁之責。擔任這項職務時，艾格提高了迪士尼在美國以外的能見度，為公司今日的國際成長建立了藍圖。

索引

C

D

E

F

G

H

I

J

K

L

M

N

O

P

R

T

Y

譯者簡介

諶悠文

政治大學新聞系畢業，目前任職報社。譯有《優秀是教出來的》、《如何移動富士山》、《活出歷史：希拉蕊回憶錄》（合譯）、《抉擇：希拉蕊回憶錄》（合譯）、《跑出全世界的人》（合譯）、《原則：生活和工作》（合譯）等書。

我生命中的一段歷險

作者	羅伯特・艾格（Robert Iger）
譯者	諶悠文
商周集團執行長	郭奕伶
視覺顧問	陳栩椿
商業周刊出版部	
總編輯	余幸娟
責任編輯	林雲
協力編輯	洪世民
校對	呂佳真
封面設計	bert
內頁排版	林婕瀅
出版發行	城邦文化事業股份有限公司－商業周刊
地址	115020 台北市南港區昆陽街16號6樓
	電話：（02）2505-6789 傳真：（02）2503-6399
讀者服務專線	（02）2510-8888
商周集團網站服務信箱	mailbox@bwnet.com.tw
劃撥帳號	50003033
戶名	英屬蓋曼群島商家庭傳媒股份有限公司城邦分公司
網站	www.businessweekly.com.tw
香港發行所	城邦（香港）出版集團有限公司
	香港灣仔駱克道193號東超商業中心1樓
	電話：（852）25086231 傳真：（852）25789337
	E-mail：hkcite@biznetvigator.com
製版印刷	中原造像股份有限公司
總經銷	聯合發行股份有限公司 電話：（02）2917-8022
初版1刷	2020年 7 月
初版20刷	2024年 4 月
定價	台幣450元
ISBN	978-986-7778-92-5（平裝）

The Ride of a Lifetime: Lessons Learned from 15 Years as CEO of the Walt Disney Company by Robert Iger

Copyright © 2019 by Robert Iger
Complex Chinese translation copyright © 2020 by Business Weekly, a Division of Cite Publishing Ltd.
Published by arrangement with ICM Partners and Curtis Brown Group Limited through Bardon-Chinese Media Agency
ALL RIGHTS RESERVED

版權所有・翻印必究
Printed in Taiwan（本書如有缺頁、破損或裝訂錯誤，請寄回更換）
商標聲明：本書所提及之各項產品，其權利屬各該公司所有

國家圖書館出版品預行編目資料

我生命中的一段歷險 / 羅伯特・艾格（Robert Iger）著；謀悠文譯. --
初版. -- 臺北市：城邦商業周刊, 2020.07
面； 公分.
譯自：The ride of a lifetime : lessons learned from 15 years as CEO of the Walt Disney Company
ISBN 978-986-7778-92-5（平裝）
1. 艾格(Iger, Robert) 2. 華德迪士尼公司(Walt Disney Company)
3. 傳記 4. 企業領導
494.2 108019843

紅沙龍

Try not to become a man of success but rather to become a man of value.
～Albert Einstein (1879 - 1955)

毋須做成功之士，寧做有價值的人。 —— 科學家　亞伯·愛因斯坦